ESV
ERICH
SCHMIDT
VERLAG

AF543785

Elektrosicherheit und Elektroprüfung

Von

Donato Muro

ERICH SCHMIDT VERLAG

Bibliografische Information der Deutschen Nationalbibliothek
Die Deutsche Nationalbibliothek verzeichnet diese Publikation in der Deutschen Nationalbibliografie; detaillierte bibliografische Daten sind im Internet über http://dnb.dnb.de abrufbar.

Weitere Informationen zu diesem Titel finden Sie im Internet unter
https://ESV.info/978-3-503-23647-3

Zitiervorschlag:
Muro, Elektrosicherheit und Elektroprüfung

ISBN 978-3-503-23647-3 (gedrucktes Werk)
ISBN 978-3-503-23648-0 (eBook)

www.ESV.info

Druck: docupoint, Barleben

Abkürzungsverzeichnis

AC	Wechselstrom
AED	Automatisierter Externer Defibrillator
ArbSchG	Arbeitsschutzgesetz
AuS	Arbeiten unter Spannung
BetrSichV	Betriebssicherheitsverordnung
BG ETEM	Berufsgenossenschaft Energie Textil Elektro Medienerzeugnisse
BGV	Berufsgenossenschaftliche Verordnung
bP	befähigte Person
DC	Gleichstrom
DGUV	Deutsche Gesetzliche Unfallversicherung
EFK	Elektrofachkraft
EFKffT	Elektrofachkraft für festgelegte Tätigkeiten
EuP	Elektrotechnisch unterwiesene Person
PSA	Persönliche Schutzausrüstung
TRBS	Technische Regeln für Betriebssicherheit
VEFK	Verantwortliche Elektrofachkraft
zPbP	zur Prüfung befähigte Person

Inhaltsverzeichnis

Abkürzungsverzeichnis 5

Abbildungsverzeichnis 11

Tabellenverzeichnis 13

1 Einleitung 15

2 Die Elektrotechnisch unterwiesene Person (EuP) 17
2.1 Definition der elektrotechnisch unterwiesenen Person 17
2.2 Wer kann vom Einsatz einer EuP profitieren? 18

3 Recht & Gesetz 19
3.1 Notwendigkeit des Einsatzes einer „Elektrotechnisch unterwiesenen Person" 19
3.2 Der gesetzliche Rahmen für den Einsatz einer „EuP" 19
3.2.1 Grundsätze der Unternehmerverantwortung 20
3.2.2 Das Arbeitsschutzgesetz (ArbSchG) 20
3.2.3 Die Deutsche Gesetzliche Unfallversicherung 21
3.3 Definitionen von Personen im elektrotechnischen Bereich 22
3.4 Aufgaben, Rechte und Pflichten der Beteiligten 23
3.4.1 Der Unternehmer/Arbeitgeber 23
3.4.2 Anlagenbetreiber 23
3.4.3 Elektrofachkraft 24
3.4.4 Elektrotechnisch unterwiesene Person 24
3.5 Weisungsbefugnis, wenn der Arbeitgeber nicht im Bereich der Elektrotechnik tätig ist 24
3.6 Weisungsbefugnis laut ArbSchG 24
3.7 Sicherstellung einer ausreichenden Qualifizierung 25
3.8 Arbeiten, die unter Aufsicht einer EFK durchgeführt werden dürfen 26
3.9 Einsatzmöglichkeiten 26
3.10 Erläuterungen der Aufgaben im Detail 26

4 Wer darf was? 29
4.1 EuP in die DGUV V3 Prüfung einbeziehen 30
4.1.1 Wieso reicht die DGUV Vorschrift alleine nicht aus? 30
4.1.2 „Befähigte Person" nach TRBS 1203 31
4.2 Die EuP innerhalb eines Prüfteams 32
4.3 Vorgaben für das Prüfteam 33
4.4 Das Prüfteam und die Gefährdungsbeurteilung 33
4.5 Bestellung einer EuP 33

5 Grundlagen der Elektrotechnik für die EuP 35
5.1 Grundlagen der Elektrotechnik 35
5.1.1 Elektrische Spannung „Volt“ = V 35
5.1.2 Elektrischer Strom „Ampere“ 35
5.1.3 Elektrischer Widerstand „Ohm“ = Ω 35
5.1.4 Elektrische Leistung „Watt“ 36
5.1.5 Elektromagnetische Induktion 36
5.1.6 Der Gleichstromkreis 36
5.1.7 Wechselspannung/Wechselstrom 37
5.1.8 Drehstrom 37
5.1.9 Reihenschaltung von Widerständen 38
5.1.10 Parallelschaltung von Widerständen 39
5.1.11 Strommessung 40
5.1.12 Spannungsmessung 40
5.2 Leitungen, Material und Werkzeug in der Elektrotechnik 42
5.2.1 Farben und Funktionen der Leitungen 42
5.2.2 Leitungsarten für die Unterputz- und Aufputz-Installation (UP = Unterputz, AP = Aufputz) 42
5.2.3 Installations- und Befestigungsmaterial 43
5.2.4 Werkzeuge 44
5.3 Zehn Sicherheitsregeln für den elektrotechnischen Laien 47
5.3.1 Prüfung elektrischer Geräte und Anlagen per Augenschein 47
5.3.2 Bedienung elektrischer Geräte bzw. Anlagen nach Benutzerinformation und Einweisung 47
5.3.3 Beachtung von Nass- und Feuchtbereichen 48
5.3.4 Richtiges Verhalten bei Störungen 48
5.3.5 Schäden an elektrischen Geräten und/oder Anlagen melden 48
5.3.6 Reparaturen und Arbeiten an elektrischen Geräten und/oder Anlagen 49
5.3.7 Besondere Umgebungsbedingungen 49
5.3.8 Verhalten in elektrischen Betriebsstätten 49
5.3.9 Arbeiten in der Nähe elektrischer Anlagen 49
5.3.10 Arbeiten in der Nähe von Freileitungen oder Kabeln 50
5.4 Stromablaufpläne in der Elektrotechnik 50
5.4.1 Der Übersichtsplan 50
5.4.2 Der Anschlussplan 50
5.4.3 Stromablaufplan in aufgelöster Darstellung 50
5.4.4 Stromablaufplan in zusammenhängender Darstellung 51
5.5 Messtechnik und Messgeräte 51
5.5.1 Messung des Stroms 52
5.5.2 Messung der Spannung 52
5.5.3 Messung des Widerstandes 52

5.5.4 Kategorisierung der Messgeräte 52
5.5.5 Die Unfallverhütung bei Messungen 53

6 Elektrische Anlagen und Betriebsmittel auf Bau- und Montagegestellen: Auswahl und Betrieb 55
6.1 Energieversorgung 55
6.2 Energieverteilung 55
6.3 Welche Maßnahmen vor dem Anschlusspunkt gibt es gegen elektrischen Schlag? 56
6.4 Elektrische Betriebsmittel und nichtstationäre elektrische Anlagen 58
6.5 Wartung, Instandsetzung und Prüffristen 59

7 Allgemeine Gefahren des elektrischen Stromflusses 61
7.1 Die einzelnen Gefahrenpunkte 61
7.2 Sicherheitszeichen 62
7.3 Die Schutzklassen (SK) 63
7.4 Die Schutzart IP (International Protection) 63
7.5 Teile für Anlagen-, Geräte- und Personenschutz 64
7.5.1 Schmelzsicherungen 64
7.5.2 Leitungsschutzhalter 65
7.6 Arbeiten bei spannungsführenden Installationen 66

8 Prüfen und Reparieren in der Elektrotechnik 67
8.1 Vorbereitungen für die anstehenden Arbeiten 67
8.1.1 Die Arbeitskleidung 67
8.1.2 Absperrung der Baustelle 67
8.1.3 Wetter, Wasser, Feuchtigkeit 67
8.2 Aufgaben und Arbeiten 67
8.2.1 Aufgabe 1: Isolieren und Anklemmen 67
8.2.2 Aufgabe 2: Dreiadrige Leitungen prüfen 68
8.2.3 Aufgabe 3: Prüfen eines Schalters 68
8.2.4 Aufgabe 4: Herstellen einer flexiblen H05VV-F-Leitung 69
8.2.5 Aufgabe 5: Herstellen einer starren NYM-J-Leitung 69
8.2.6 Aufgabe 6: Die Aufputz-Installation 69
8.2.7 Aufgabe 7: Die Unterputz-Installation 70
8.2.8 Aufgabe 8: Verdrahten einer Verteilerdose 70
8.2.9 Aufgabe 9: Herstellen einer 230-Volt-Verlängerung 71
8.2.10 Aufgabe 10: Prüfen einer 230-Volt-Verlängerung 71

9 DIN VDE 0132: Brandbekämpfung im Bereich elektrischer Anlagen 73
9.1 Größtmöglicher Schutz durch vorbeugende Absicherung 73
9.2 Das A & O in der Brandbekämpfung 74
9.3 Vorbereitende Schutzmaßnahmen gegen Brände in der Elektrotechnik 75

9.4 Die wichtigsten Details der DIN VDE 0132 im Überblick ... 75
9.5 Brandbekämpfung nach DIN VDE 0132 an Niederspannungsanlagen ... 76
9.6 Brandbekämpfung an Hochspannungsanlagen ... 76
9.7 Der Umgang mit Löschmitteln im Rahmen der DIN VDE 0132 ... 76
9.8 Löschmittel Wasser ... 77
9.9 Brandbekämpfung mit Schaum ... 77
9.10 Löschmittel mit Pulver ... 78
9.11 Brandlöschung mit Kohlendioxid ... 78
9.12 Brandbekämpfung in Bürobereichen ... 78
9.13 Maßnahmen nach einem Brandfall in elektrischen Anlagen ... 78
9.14 Zulässige Annäherungen bei Hoch- und Niederspannungsanlagen ... 79
9.15 Technische Hilfeleistung bei besonderen Anlagen ... 80
9.16 Ausschluss der Geltung der DIN VDE 0132 ... 80
9.17 Zusammenfassung ... 81

10 Erste-Hilfe-Maßnahmen bei Stromunfällen ... 83
10.1 Nahezu alle menschlichen Organe funktionieren mit elektrischen Impulsen ... 83
10.2 Fremdstrom im menschlichen Körper ... 84
10.3 Stromschlag: Wann Sie zum Arzt müssen ... 84
10.4 Stromunfall: Was im Unglücksfall zu tun ist ... 85
10.5 Erste Hilfe bei Stromunfällen in neun Schritten ... 86
10.6 Die 5 W-Fragen können Leben retten ... 87
10.6.1 Schritt 1: Die Eigensicherung bei Niederspannung und Hochspannung ... 87
10.6.2 Schritt 2: Die 5 W-Fragen ... 87
10.6.3 Schritt 3: Die medizinische Erstversorgung ... 87
10.7 Bewusstseinslage prüfen und Atemkontrolle ... 87
10.8 Gesetzliche Regelungen zu Erste-Hilfe-Maßnahmen in Unternehmen ... 88
10.9 Zusammenfassung ... 88

Anhang 1: Fragen zum Erstellen einer Gefährdungsbeurteilung ... 89

Anhang 2: Betriebsanweisung für die EuP ... 91

Anhang 3: Elektrische Zeichen, Einheiten und Beschreibungen ... 93

Anhang 4: Betriebsanweisung für Schaltschränke ... 95

Anhang 5: Betriebsanweisung Stromunfall ... 97

Anhang 6: Checkliste Besichtigung ortsfester elektrischer Anlage ... 101

Anhang 7: Gefährdungsbeurteilung Elektrohelfer ... 103

Anhang 8: Gefährdungsbeurteilung Schaltschrank ... 111

Abbildungsverzeichnis

Abbildung 1: Fehlerstrom-Schutzschalter RCCB Typ A 27
Abbildung 2: Zweipoliger Spannungsprüfer 41
Abbildung 3: Isolierter Schraubendreher 44
Abbildung 4: Crimpzange, Aderendhülsenzange und Aderendhülsen mit Kragen 45
Abbildung 5: Automatische Abisolierzange 46
Abbildung 6: Entmantelungsmesser frontal und seitlich 47
Abbildung 7: Multimeter mit Anzeige Spannung, Stromstärke und Widerstand (v.l.n.r.) 51
Abbildung 8: Messleitungen des Multimeters 52
Abbildung 9: NH-Sicherung 62
Abbildung 10: Schmelzsicherung D-System 64
Abbildung 11: Leitungsschutzschalter, Auslösecharakteristik B, Bemessungsstrom 6 A, 1-polige Ausführung 65

Tabellenverzeichnis

Tabelle 1: Zulässige Tätigkeiten der einzelnen Personengruppen 29

Tabelle 2: Zusammenfassung der durch die EuP auszuführenden Tätigkeiten 32

1 Einleitung

In diesem Buch setzt sich der Autor mit Themen rund um die „Elektrotechnisch unterwiesene Person“ (EuP) auseinander. Neben einer Erläuterung der Definition der EuP wird ein Überblick über deren Einsatzbereiche sowie die rechtlichen Rahmenbedingungen gegeben. Ebenso werden Themen des Arbeitsschutzes und der Arbeitssicherheit, wie die Erste Hilfe bei Stromunfällen und die Brandbekämpfung im Bereich elektrischer Anlagen vorgestellt und praxisrelevantes Wissen vermittelt.

Die Ausführungen in diesem Buch sollen einen breiten Adressatenkreis unterstützen. Sie richten sich primär an Nichtelektriker, die darüber nachdenken, ihre Fähigkeiten sowie ihr Tätigkeitsfeld um elektrotechnische Arbeiten zu erweitern. Gleichzeitig dient dieses Buch als Nachschlagwerk für ausgebildete EuPs und zeigt Unternehmern Möglichkeiten auf, wie gewisse elektrotechnische Aufgaben unter Anleitung und Führung einer Elektrofachkraft (EFK) an Personen aus dem nicht elektrotechnischen Gewerk übertragen werden können, nachdem diese eine Zusatzqualifikation zur EuP erworben haben.

2 Die Elektrotechnisch unterwiesene Person (EuP)

2.1 Definition der elektrotechnisch unterwiesenen Person

Die Elektrotechnisch unterwiesene Person ist in VDE 1000-10 unter *„Anforderungen an die im Bereich der Elektrotechnik tätigen Personen"* wie folgt definiert:

Eine Elektrotechnisch unterwiesene Person ist ...

> *„wer durch eine Elektrofachkraft über die ihr übertragenen Aufgaben und die möglichen Gefahren bei unsachgemäßem Verhalten unterrichtet und erforderlichenfalls angelernt sowie über die notwendigen Schutzeinrichtungen und Schutzmaßnahmen belehrt wurde."*

Das bedeutet: Elektrotechnisch unterwiesene Personen sind solche, die bestimmte elektrotechnische Arbeiten ausführen, ohne über die vollständige Ausbildung einer Elektrofachkraft zu verfügen. Tätig werden darf die Elektrotechnisch unterwiesene Person im elektrotechnischen Bereich nur unter Leitung und Aufsicht einer Elektrofachkraft. Die VDE 0105-100 definiert noch einmal genauer, welche Tätigkeiten auch von elektrotechnisch unterwiesenen Personen ausgeführt werden dürfen.

Wichtig ist es, die Elektrofachkraft von der elektrotechnisch unterwiesenen Person anhand bestimmter Merkmale zu unterscheiden:

- **EFK**: Die Elektrofachkraft kann Gefahren erkennen und Arbeiten beurteilen.
- **EuP**: Die Elektrotechnisch unterwiesene Person kann keine Fachverantwortung, im vorgegebenen Rahmen aber fachgerechtes Verhalten und fachgerechtes Ausführen übernehmen.

Der Einsatz einer „Elektrotechnisch unterwiesenen Person" oder auch EuP kann je nach Unternehmensausrichtung und -struktur sinnvoll oder sogar notwendig sein. Eine EuP wurde von einer Elektrofachkraft für bestimmte Tätigkeiten unterwiesen oder eingelernt und kann dann zum Einsatz kommen, wenn Sie dafür benötigt wird.

Achtung: Der Zugang zu elektrotechnischen Betriebsstätten muss geregelt sein: Zugang zu diesen Betriebsstätten haben nur Elektrofachkräfte, Elektrotechnisch unterwiesene Personen sowie Personen in Begleitung einer Elektrofachkraft oder elektrotechnisch unterwiesenen Personen.

Weiterhin ist für elektrotechnische Betriebsstätten geregelt, dass Personen, die nicht mindestens die Qualifikation einer EuP aufweisen, keinen Zugang haben sollten. Diese Regelung bezieht sich auch auf Schaltschränke. Sollte eine solche Person dennoch über einen Schlüssel zu solchen Räumen und/oder Schaltschränken verfügen, darf dieser von ihr nicht verwendet werden. Ist eine Verwendung durch diese Person gewünscht, muss sie zuvor schriftlich unterwiesen werden.

In diesem Buch geht es um diese „Elektrotechnisch unterwiesene Person“. Es geht um ihre Notwendigkeit, ihre Einsatzmöglichkeiten, die rechtlichen Grundlagen und die Voraussetzungen, unter denen sie tätig werden kann.

Außerdem ist dieses Buch gedacht als Nachschlagewerk, Informationsquelle sowie als Lehr- und Lernmaterial zur Unterstützung bei der Einweisung der EuP. Dass es dabei an manchen Stellen nötig ist, sehr fachlich und auch sehr theoretisch zu bleiben, damit bestimmte Passagen rechtlich fundiert dargestellt werden können, kann nicht verwundern. Es werden dabei auch Grund- und Fachbegriffe aus der Elektrotechnik verwendet, um sicherzustellen, dass Bezeichnungen eindeutig zugeordnet werden können.

Trotzdem versucht der Autor den Leserinnen und Lesern bestmöglich wesentliche Inhalte so lebhaft zu vermitteln, dass die Lektüre nicht zur langweiligen Tortur der Freizeitgestaltung wird. Der Schreibstil soll trotz des fachbezogenen Inhalts zum Lesen und zur Informationsaufnahme anregen. Denn was wäre sinnbefreiter als ein Buch, das nicht gelesen wird.

Insgesamt ist dieses Buch ein interessantes Arbeitsmittel für alle Mitarbeiter im Unternehmen, die mit dem Bereich Unfallverhütung und „Elektrotechnisch unterwiesene Person“ zu tun haben.

2.2 Wer kann vom Einsatz einer EuP profitieren?

Regelmäßig klagt das Handwerk über den Fachkräftemangel bei gleichbleibenden bis zunehmenden Auftragseingang. Wer einen Elektriker benötigt, muss mitunter sechs bis acht Wochen Wartezeit einplanen. Hinzu kommt, dass die Elektrotechnik in immer mehr Bereichen relevant wird. Das sind zukunftsrelevante Bereiche wie erneuerbare Energien und Hochvoltfahrzeuge. Aber auch Kfz-Mechaniker, Hausmeister und Heizungsbauer müssen sich mit modernster Technik auseinandersetzen und können den erweiterten Ansprüchen nicht immer gerecht werden. Der Bedarf reicht inzwischen auch in den Aufgabenbereich der Feuerwehr, sodass auch hier ein Mangel an Elektrofachkräften entstehen wird.

Eine Lösung zur Schließung der Lücke kann eine Elektrotechnisch unterwiesene Person (EuP) sein. Denn nicht für alle Arbeiten wird eine ausgebildete Elektrofachkraft (EFK) benötigt. Auch wenn die EuP zwar immer unter Aufsicht einer Elektrofachkraft arbeiten muss, kann diese in gewissen Einsatzbereichen die Tätigkeiten einer EFK übernehmen. In Zeiten des Fachkräftemangels bedeutet dies eine spürbare Entlastung für Unternehmen und des Fachpersonals.

Wichtig ist dabei allerdings, die rechtlichen Vorgaben zu berücksichtigen.

3 Recht & Gesetz

3.1 Notwendigkeit des Einsatzes einer „Elektrotechnisch unterwiesenen Person"

Stellen Sie sich folgendes Szenario vor:

Die elektrische Versorgung an der Fräs-Maschine streikt, nichts geht mehr und die Aushilfskraft, die diese Maschine in der Ferienzeit bedient, weiß nicht, was sie tun soll. Der Meister ist auf einer Konferenz und der Betriebs-Elektriker muss dringend noch den anderen Auftrag zu Ende bringen und kann da nicht weg. Und nun?

Manchmal kann es in Unternehmen erforderlich sein, dass bestimmte elektrotechnische Arbeiten auch von Mitarbeitern erledigt werden können, die nicht über die fundierte und vollständige Ausbildung einer Elektrofachkraft verfügen. Mitarbeiter mit einem solchen Aufgabenspektrum werden offiziell als „Elektrotechnisch unterwiesene Person" oder in Kurzform EuP bezeichnet.

Denn grundsätzlich dürfen nur solche Fachkräfte mit der Mängelbehebung elektrischer Anlagen betraut werden, die dafür ausgebildet sind. Wenn jetzt aber eine solche Person – aus welchen Gründen auch immer – nicht kurzfristig zur Verfügung steht, muss die Arbeit trotzdem weitergehen können. Durch den Einsatz einer EuP steigert der Unternehmer also die Flexibilität der Betriebsstruktur, sichert den Zugriff auf Anlagen und Betriebsmittel und garantiert einen reibungslosen Arbeitsfluss. Dafür muss aber eine detaillierte betriebliche Anweisung erstellt werden.

3.2 Der gesetzliche Rahmen für den Einsatz einer „EuP"

Sorry, hier wird es jetzt erst einmal sehr gesetzlich-theoretisch. Gemäß diverser Vorschriften und Vorgaben ist der Einsatz einer unterwiesenen Person möglich, wobei der Unternehmer Sorge dafür tragen muss und dafür verantwortlich ist, dass diese EuP eine entsprechende Unterrichtung durch eine Elektrofachkraft erhalten hat. Die EuP darf demnach auch nur solche Arbeiten erledigen, für die sie unterwiesen und gegebenenfalls eingelernt wurde und sie muss über die jeweiligen Sicherheitsanforderungen unterrichtet sein.

Denn grundsätzlich ist der Arbeitgeber verpflichtet, dass ein Mangel bei elektrischen Anlagen und Betriebsmitteln unverzüglich behoben wird. Und damit sind wir wieder bei der zu Beginn skizzierten Situation.

Abgesehen von der gesetzlichen Vorschrift, einen Mangel unverzüglich, also „ohne schuldhafte Verzögerung", zu beseitigen, kann es durchaus im Sinne des Unternehmers sein, dass es einfach ganz schnell geht, damit die Leute weiterarbeiten können. Und wer macht das mit der Schadensbehebung dann? Genau, es ist die Elektrotechnisch unterwiesene Person.

Zunächst einmal sollen hier jedoch die gesetzlichen Grundlagen erläutert werden. Dazu gehören die Unternehmerverantwortung, das Arbeitsschutzgesetz und die Regelungen der Deutschen Gesetzlichen Unfallversicherung.

3.2.1 Grundsätze der Unternehmerverantwortung

Der Gesetzgeber hat in Artikel 2 Grundgesetz (GG) geregelt, dass

„jeder [...] das Recht auf Leben und körperliche Unversehrtheit [hat].“

Dieser Artikel ist auch auf das Arbeitsverhältnis anzuwenden. Das bedeutet für den Arbeitgeber, dass er dafür Sorge zu tragen hat, dass Beschäftigte durch ihre Arbeit gesundheitlich nicht geschädigt werden.

3.2.2 Das Arbeitsschutzgesetz (ArbSchG)

Unter Berücksichtigung des § 5 Arbeitsschutzgesetz (ArbSchG) hat der Arbeitgeber im Betrieb nur Personen einzusetzen, die für die konkrete Tätigkeit geeignet sind. Das kann im elektrotechnischen Bereich eine sogenannte „zur Prüfung befähigte Person“ (kurz zPbP) oder eine Person mit entsprechender Berufsausbildung sein.

In § 5 ArbSchG *„Beurteilung der Arbeitsbedingungen“* heißt es hierzu:

„(1) Der Arbeitgeber hat durch eine Beurteilung der für die Beschäftigten mit ihrer Arbeit verbundenen Gefährdung zu ermitteln, welche Maßnahmen des Arbeitsschutzes erforderlich sind.

(2) Der Arbeitgeber hat die Beurteilung je nach Art der Tätigkeiten vorzunehmen. Bei gleichartigen Arbeitsbedingungen ist die Beurteilung eines Arbeitsplatzes oder einer Tätigkeit ausreichend.

(3) Eine Gefährdung kann sich insbesondere ergeben durch

1. *die Gestaltung und die Einrichtung der Arbeitsstätte und des Arbeitsplatzes,*
2. *physikalische, chemische und biologische Einwirkungen,*
3. *die Gestaltung, die Auswahl und den Einsatz von Arbeitsmitteln, insbesondere von Arbeitsstoffen, Maschinen, Geräten und Anlagen sowie den Umgang damit,*
4. *die Gestaltung von Arbeits- und Fertigungsverfahren, Arbeitsabläufen und Arbeitszeit und deren Zusammenwirken,*
5. *unzureichende Qualifikation und Unterweisung der Beschäftigten,*
6. *psychische Belastungen bei der Arbeit.“*

Die sogenannte Gefährdungsbeurteilung wird ergeben, dass Arbeiten an oder mit Strom tödlich sein können. Hier sind Gegenmaßnahmen durch den Arbeitgeber und die Elektrofachkraft zu ermitteln und umzusetzen.

Im Bereich der Elektrotechnik muss die Pflicht des Arbeitgebers um die erforderliche Sach- und Fachkenntnis ergänzt werden. Weisungen im Bereich der Elektrotechnik dürfen nur von fachlich geeigneten Personen erteilt werden. In der Regel sind fachlich geeignete Personen Elektrofachkräfte (EFK).

3.2.3 Die Deutsche Gesetzliche Unfallversicherung

Die Deutsche Gesetzliche Unfallversicherung ist ein eingetragener Verein. Sie fungiert als Spitzenverband der gewerblichen Berufsgenossenschaften sowie der Unfallkassen und der kommunalen Unfallversicherungsträger, die auch die Mitgliederschaft stellen.

Mit ihrem „Institut für Arbeitsschutz" (IFA) betreibt sie ein Prüf- und Forschungsinstitut. In diesem Rahmen erlässt sie Unfallverhütungsvorschriften, die in der Version „Vorschrift 1" die Basis bilden für gewerblichen, unfallversicherungsrechtlichen Arbeitsschutz. Demnach sind alle Arbeitgeber verpflichtet, die nötigen Maßnahmen zu ergreifen, um Arbeitsunfälle, betriebliche Gesundheitsgefahren und Berufskrankheiten ihrer Beschäftigten zu verhindern.

Die DGUV Vorschrift 3 ist die Unfallverhütungsvorschrift zum Betreiben und Instandhalten von elektrischen Anlagen und Betriebsmitteln. Weiterhin ist sie gültig für nichtelektrische Arbeiten in der Nähe von solchen Anlagen und Betriebsmitteln.

Und diese Vorschrift 3 besagt in § 3 Absatz 2:

> *„Ist bei einer elektrischen Anlage oder einem elektrischen Betriebsmittel ein Mangel festgestellt worden, d. h. entsprechen sie nicht oder nicht mehr den elektrotechnischen Regeln, so hat der Unternehmer dafür zu sorgen, dass der Mangel unverzüglich behoben wird und, falls bis dahin eine dringende Gefahr besteht, dafür zu sorgen, dass die elektrische Anlage oder das elektrische Betriebsmittel im mangelhaften Zustand nicht verwendet werden."*

Damit wurde für den Einsatz von elektrotechnisch unterwiesenen Personen die nötige rechtliche Grundlage geschaffen und hier zitieren wir den § 3 Absatz 1 der Vorschrift 3:

> *„Der Unternehmer hat dafür zu sorgen, dass elektrische Anlagen und Betriebsmittel nur von einer Elektrofachkraft oder unter Leitung und Aufsicht einer Elektrofachkraft den elektrotechnischen Regeln entsprechend errichtet, geändert und instandgehalten werden. Der Unternehmer hat ferner dafür zu sorgen, dass die elektrischen Anlagen und Betriebsmittel den elektrotechnischen Regeln entsprechend betrieben werden."*

Die gesetzliche Basis für den Einsatz von elektrotechnisch unterwiesenen Personen ist:

- Die Vorschrift 3 der DGUV (Bis Mai 2015 galt die Bezeichnung: BGV A3)
- Das Arbeitsschutzgesetz § 12 Unterweisung
- Die DIN VDE 0105 – 100 Prüfung elektrischer Anlagen
- Die Unfallverhütungsvorschriften der für diesen Bereich zuständigen „Berufsgenossenschaft Energie Textil Elektro Medienerzeugnisse" (BG ETEM)
- Das Produktsicherheitsgesetz
- Das Betriebssicherheitsgesetz § 9 Weitere Schutzmaßnahmen bei der Verwendung von Arbeitsmitteln

Die wichtigsten Definitionen der DGUV in diesem Zusammenhang sind:

- **Elektrotechnisch unterwiesene Person (EuP):** Eine Elektrotechnisch unterwiesene Person ist eine Person, die „durch eine Elektrofachkraft über die ihr übertragenen Aufgaben und möglichen Gefahren bei unsachgemäßem Verhalten unterrichtet und erforderlichenfalls angelernt, sowie über die notwendigen Schutzeinrichtungen und Schutzmaßnahmen belehrt wurde."
- **Elektrofachkraft:** „Als Elektrofachkraft [...] gilt, wer aufgrund seiner fachlichen Ausbildung, Kenntnisse und Erfahrungen sowie Kenntnis der einschlägigen Bestimmungen die ihm übertragenen Arbeiten beurteilen und mögliche Gefahren erkennen kann."
- **Elektrische Betriebsmittel:** „Elektrische Betriebsmittel [...] sind alle Gegenstände, die als Ganzes oder in einzelnen Teilen dem Anwenden elektrischer Energie (z. B. Gegenstände zum Erzeugen, Fortleiten, Verteilen, Speichern, Messen, Umsetzen und Verbrauchen) oder dem Übertragen, Verteilen und Verarbeiten von Informationen (z. B. Gegenstände der Fernmelde- und Informationstechnik) dienen. Den elektrischen Betriebsmitteln werden Schutz- und Hilfsmittel gleichgesetzt, soweit an diese Anforderungen hinsichtlich der elektrischen Sicherheit gestellt werden. Elektrische Anlagen werden durch Zusammenschluss elektrischer Betriebsmittel gebildet."
- **Elektrotechnische Regeln:** „Elektrotechnische Regeln im Sinne dieser Unfallverhütungsvorschrift sind die allgemein anerkannten Regeln der Elektrotechnik, die in den VDE-Bestimmungen enthalten sind, auf die die Berufsgenossenschaft in ihrem Mitteilungsblatt verwiesen hat. Eine elektrotechnische Regel gilt als eingehalten, wenn eine ebenso wirksame andere Maßnahme getroffen wird; der Berufsgenossenschaft ist auf Verlangen nachzuweisen, dass die Maßnahme ebenso wirksam ist."

3.3 Definitionen von Personen im elektrotechnischen Bereich

Personen aus dem elektrotechnischen Bereich werden wie folgt unterteilt:

- **Elektrofachkraft (EFK)** nach DGUV Vorschrift 3, VDE 0105-100 „Betrieb von elektrischen Anlagen – Allgemeine Festlegungen"
- **Elektrotechnisch unterwiesene Person (EuP)** nach VDE 0105-100 „Betrieb von elektrischen Anlagen – Allgemeine Festlegungen"
- **Verantwortliche Elektrofachkraft (VEFK)** nach VDE 1000-10 „Anforderungen an die im Bereich der Elektrotechnik tätigen Personen"
- **Anlagenverantwortlicher** nach VDE 0105-100 „Betrieb von elektrischen Anlagen – Allgemeine Festlegungen"
- **Arbeitsverantwortlicher** nach VDE 0105-100 „Betrieb von elektrischen Anlagen – Allgemeine Festlegungen"

- **Elektrofachkraft für festgelegte Tätigkeiten (EFKffT)** nach DGUV Grundsatz 303-001 „Ausbildungskriterien für festgelegte Tätigkeiten im Sinne der Durchführungsanweisung zur DGUV Vorschrift 3"
- **Befähigte Person** zur Prüfung von Arbeitsmitteln mit elektrischer Gefährdung nach BetrSichV (Betriebssicherheitsverordnung) und TRBS 1203 (Technische Regeln für Betriebssicherheit Befähigte Personen)
- **Laie**: Person, die weder Elektrofachkraft noch elektronisch unterwiesene Person ist, nutzt elektrische Betriebsmittel nur bestimmungsgemäß (DIN VDE 0105 Teil 100 Satz 3.2.) Elektrotechnische Laien dürfen nicht in elektrischen Anlagen arbeiten. Ausnahme: wenn zwangsläufig Berührungsschutz vorliegt.
- **AuS-Monteur** nach DGUV Regel 103-011 „Arbeiten unter Spannung"

3.4 Aufgaben, Rechte und Pflichten der Beteiligten

Zu den wichtigsten beteiligten Personen gehören:

- Der Unternehmer
- Der Anlagenbetreiber
- Die Elektrofachkraft
- Die EuP

Ihnen kommen jeweils unterschiedliche Rechten und Pflichten, wie nachfolgend beschrieben, zu.

3.4.1 Der Unternehmer/Arbeitgeber

Der Unternehmer trägt als übergeordnete Stelle die Gesamtverantwortung. Für einzelne Bereiche kann er diese aber delegieren. Dabei muss er darauf achten, dass die Person, die von ihm beauftragt wurde, die für die jeweilige Aufgabenstellung entsprechende Ausbildung hat. Gegebenenfalls muss er eine Unterweisung in diesen Aufgaben bereitstellen und dafür Sorge tragen, dass diese auch wahrgenommen wird.

Er oder die für die Aufgaben delegierten Fachkräfte müssen eine Gefährdungsbeurteilung vornehmen, diese dokumentieren und bei besonderen Gefahren die passenden Maßnahmen ergreifen, um die Gesundheit der Mitarbeiter bei der Arbeit zu gewährleisten.

3.4.2 Anlagenbetreiber

Der Anlagenbetreiber trägt die Verantwortung für die Anlage und für die Arbeiten, die an oder in dieser verrichtet werden. Er bestimmt, wer Zugang zu elektrotechnischen Anlagen hat und delegiert einen Arbeitsverantwortlichen für die jeweiligen Anlagen.

Der Anlagenbetreiber sollte die entsprechende Ausbildung einer Elektrofachkraft vorweisen können.

3.4.3 Elektrofachkraft

Wie bereits erwähnt, darf die EuP nur nach Unterweisung durch eine Elektrofachkraft elektrotechnische Arbeiten ausführen. Trotzdem liegen auch bei der Durchführung der Arbeiten durch die EuP diverse Pflichten bei der Elektrofachkraft. Diese sind:

- Die Elektrofachkraft trägt die Gesamtverantwortung für die Arbeiten an der Anlage.
- Ihr unterliegt die Deutung der Prüfungen und der Aktivitäten der EuP.
- Sie muss kontrollieren, dass die Aktivitäten und Arbeiten der EuP fachgemäß durchgeführt wurden und Sicherheitsvorschriften eingehalten wurden.

3.4.4 Elektrotechnisch unterwiesene Person

Die Aufgabenbereiche der EuP sind allgemein nicht im Detail bestimmt. Wichtig ist nur, dass die EuP dafür unterwiesen ist. In jedem Fall muss eine Gefährdungsbeurteilung von der leitenden Kraft, zum Beispiel der Elektrofachkraft, erstellt und dokumentiert sein. Folgende Bereiche können neben anderen zu den Aufgabengebieten gehören:

- Betätigen von Leistungs-Schutzschaltern und Fehlerstrom-Schutzschaltern RCD
- Wechseln von Leuchtmitteln und Sicherungen, wie beispielsweise Schraubsicherungen bis 63 A
- Prüfungs- und Messaufgaben
- Rücksetzen von Schutz- und Notausschaltern

3.5 Weisungsbefugnis, wenn der Arbeitgeber nicht im Bereich der Elektrotechnik tätig ist

Verfügt der Arbeitgeber selbst nicht über die notwendigen Voraussetzungen und Kenntnisse aus der Elektrotechnik, ist er nicht weisungsbefugt. Nach DGUV Vorschrift 1 (früher BGV A1) und VDE 1000-10 ist der Arbeitgeber dann verpflichtet, für seinen elektrotechnischen Betriebszweig eine verantwortliche Elektrofachkraft (VEFK) zu benennen.

Die dann verantwortliche Elektrofachkraft übernimmt die Auswahlverantwortung für den Einsatz geeigneter Elektrofachkräfte in den jeweiligen Einsatzbereichen. Die Verantwortung bezieht sich auf den Einsatz von Elektrofachkräften, Elektrofachkräften für festgelegte Tätigkeiten (EFKffT), elektrotechnisch unterwiesene Personen und externe Dienstleister im Elektrobereich.

3.6 Weisungsbefugnis laut ArbSchG

Im Folgenden gehen wir kurz darauf ein, wie das Arbeitsschutzgesetz die Weisungsbefugnis behandelt:

In § 7 ArbSchG „*Übertragung von Aufgaben*“ heißt es:

„Bei der Übertragung von Aufgaben auf Beschäftigte hat der Arbeitgeber je nach Art der Tätigkeiten zu berücksichtigen, ob die Beschäftigten befähigt sind, die für die Sicherheit und den Gesundheitsschutz bei der Aufgabenerfüllung zu beachtenden Bestimmungen und Maßnahmen einzuhalten."

Ferner heißt es in § 12 ArbSchG *„Unterweisung"*:

„(1) Der Arbeitgeber hat die Beschäftigten über Sicherheit und Gesundheitsschutz bei der Arbeit während ihrer Arbeitszeit ausreichend und angemessen zu unterweisen. Die Unterweisung umfasst Anweisungen und Erläuterungen, die eigens auf den Arbeitsplatz oder den Aufgabenbereich der Beschäftigten ausgerichtet sind. Die Unterweisung muss bei der Einstellung, bei Veränderungen im Aufgabenbereich, der Einführung neuer Arbeitsmittel oder einer neuen Technologie vor Aufnahme der Tätigkeit der Beschäftigten erfolgen. Die Unterweisung muss an die Gefährdungsentwicklung angepasst sein und erforderlichenfalls regelmäßig wiederholt werden.

(2) Bei einer Arbeitnehmerüberlassung trifft die Pflicht zur Unterweisung nach Absatz 1 den Entleiher. Er hat die Unterweisung unter Berücksichtigung der Qualifikation und der Erfahrung der Personen, die ihm zur Arbeitsleistung überlassen werden, vorzunehmen. Die sonstigen Arbeitsschutzpflichten des Verleihers bleiben unberührt."

3.7 Sicherstellung einer ausreichenden Qualifizierung

Eine wichtige Frage ist die nach der ausreichenden Qualifizierung der EuP. Denn diese muss nachgewiesen werden.

Hierbei gilt es zu wissen, dass von einer elektrotechnisch unterwiesenen Person zwar fachgerechtes Verhalten verlangt wird, jedoch kein selbstständiges Arbeiten. Letztlich liegt die Fachverantwortung immer bei der EFK und diese muss für möglichen Rückfragen und bei Unklarheiten für die EuP zur Verfügung stehen. Außerdem muss sich die EFK in regelmäßigen Zeitabschnitten von der ordnungsgemäßen und sicherheitsgerechten Umsetzung der angewiesenen Aufgaben überzeugen.

In diesem Zusammenhang lassen sich folgende Regeln aufstellen:

1. Die EuP muss in Bezug auf die ihr übertragenen Aufgaben und die damit möglicherweise verbundenen Gefahren bei unsachgemäßer Ausführung unterrichtet und angelernt werden.
2. Die EuP muss außerdem über die notwendigen Schutzeinrichtungen und Schutzmaßnahmen unterwiesen, eingewiesen und angelernt bzw. belehrt worden sein.
3. Die EuP muss die ihr übertragenen Aufgaben beurteilen und mögliche Gefahren erkennen können.

3.8 Arbeiten, die unter Aufsicht einer EFK durchgeführt werden dürfen

Die Elektrotechnisch unterwiesene Person darf unter Aufsicht einer Elektrofachkraft folgende Arbeiten ausführen:

- Überwachen der Errichtung, Änderung und Instandhaltung elektrischer Anlagen
- Überwachen und Beaufsichtigen von nicht elektrotechnischen Arbeiten in der Nähe unter Spannung stehender Teile
- Unterweisen von elektrotechnischen Laien über sicherheitsgerechtes Verhalten
- Unterrichten von elektrotechnisch unterwiesenen Personen
- Anordnen, Durchführen und Kontrollieren der jeweiligen Arbeiten an elektrischen Anlagen

3.9 Einsatzmöglichkeiten

Die EuP muss schriftlich bestellt werden und eine Arbeitsanweisung erhalten. Die Einweisung hat immer in Bezug auf den Arbeitsort zu erfolgen.

Folgende Aufgaben können von der EuP ausgeführt werden:

- Quittieren von Schutzeinrichtungen
- Bestätigung von Schutzorganen
- Entsperren von Relais
- Justieren und Nachjustieren von Einstell- bzw. Auslöseorganen
- Auswechseln von Schutz- und Beleuchtungseinrichtungen
- Rückstellen und Regeln
- Prüfen ortsveränderlicher elektrischer Betriebsmittel im Prüf-Team

3.10 Erläuterungen der Aufgaben im Detail

Quittieren einer Schutzeinrichtung: Als Schutzeinrichtungen werden Einrichtungen bezeichnet, die für die Sicherheit oder Funktion einer elektrischen Anlage oder eines elektrischen Betriebsmittels erforderlich sind. Das gilt auch, wenn die Stellvorgänge ein gelegentliches Handhaben darstellen.

Bestätigung von Schutzorganen: Als Schutzorgane werden unter anderem Leistungsschalter, Überstromschutzschalter, Motorschalter und Steuerschalter bezeichnet.

Entsperren von Relais: Als Relais werden unter anderem folgende Relais bezeichnet: Unter-/Überspannungsrelais, Fehlerspannungs-Schutzeinrichtungen, Fehlerstrom-Schutzeinrichtungen (siehe Abbildung 1), Sicherungsüberwachungsrelais, Haftrelais und Kipprelais, Fallklappenrelais und Anzeigenmelder.

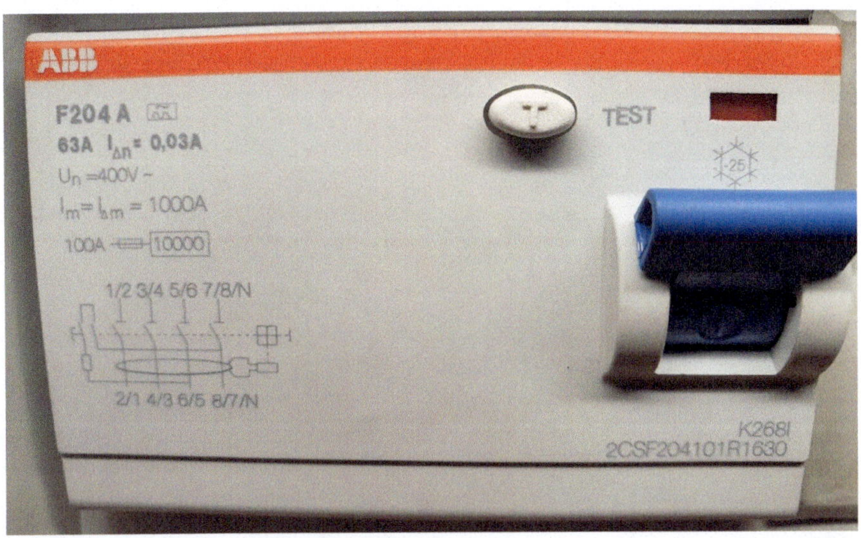

Abbildung 1: Fehlerstrom-Schutzschalter RCCB Typ A

Justieren und Nachjustieren von Einstell- bzw. Auslöseorganen: Einstell- bzw. Auslöseorgane sind unter anderem einstellbare Bauelemente wie Potenziometer oder Sollwertgeber, Zeitrelais, Blinkrelais, Messrelais und Programmwerke.

Auswechseln von Schutz- und Beleuchtungseinrichtungen: Als Schutz- und Beleuchtungseinrichtungen zählen unter anderem Schraubsicherungen, Feinsicherungen, Anzeigelampen, Anzeigeröhren, Lampen und Leuchten.

Rückstellen und Regeln: Unter dem Tätigkeitsbereich Rückstellen und Regeln versteht man das Rückstellen und Regeln von Windfahnen, Druckmeldern, Öffnungssperren für Schaltschränke und Isolationsüberwachungsgeräte.

Prüfen ortsveränderlicher elektrischer Betriebsmittel im Prüfteam: Eine EuP kann in das Prüfgeschehen eingebunden werden, darf die Prüfung aber nicht eigenständig durchführen. Die Prüfung elektrischer Sicherheit ist in ihrer Durchführung unter anderem in der Betriebssicherheitsverordnung (BetrSichV) und DGUV geregelt. Die darin vorgegebenen Voraussetzungen erfüllt eine EuP nicht.

4 Wer darf was?

Tabelle 1 gibt einen Überblick, welche Arbeiten in Abhängigkeit von unterschiedlichen Spannungsbereichen von welcher Personengruppe ausgeführt werden dürfen.

Tabelle 1: Zulässige Tätigkeiten der einzelnen Personengruppen

Nennspannungen	Arbeiten	EFK	EuP	Laie
bis AC 50 V bis DC 120 V	Alle Arbeiten, soweit eine Gefährdung (z. B. durch Lichtbogenbildung) ausgeschlossen ist	x	x	x
über AC 50 V über DC 120 V	Heranführen von Prüf-, Mess- und Justiereinrichtungen, (z. B. Spannungsprüfern) von Werkzeugen zum Bewegen leichtgängiger Teile, von Betätigungsstangen	x	x	
	Heranführen von Werkzeugen und Hilfsmitteln zum Reinigen sowie das Anbringen von geeigneten Abdeckungen und Abschrankungen	x	x	
	Herausnehmen und Einsetzen von nicht gegen direktes Berühren geschützten Sicherungseinsätzen mit geeigneten Hilfsmitteln, wenn dies gefahrlos möglich ist	x	x	
	Anspritzen von unter Spannung stehenden Teilen bei der Brandbekämpfung oder zum Reinigen	x	x	
	Arbeiten an Akkumulatoren und Photovoltaikanlagen unter Beachtung geeigneter Vorsichtsmaßnahmen	x	x	
	Arbeiten in Prüfanlagen und Laboratorien unter Beachtung geeigneter Vorsichtsmaßnahmen, wenn es die Arbeitsbedingungen erfordern	x	x	
	Abklopfen von Raureif mit isolierenden Stangen	x	x	
über AC 50 V über DC 120 V	Fehlereingrenzung in Hilfsstromkreisen (z. B. Signalverfolgung in Stromkreisen, Überbrückung von Teilstromkreisen) sowie Funktionsprüfung von Geräten und Schaltungen	x		
	Sonstige Arbeiten, wenn a) zwingende Gründe durch den Betreiber festgestellt wurden und b) Weisungsbefugnis, Verantwortlichkeiten, Arbeitsmethoden und Arbeitsablauf (Arbeitsanweisung) schriftlich für speziell ausgebildetes Personal festgelegt worden sind	x		

Nennspannungen	Arbeiten	EFK	EuP	Laie
Bei allen Nennspannungen	Alle Arbeiten, wenn die Stromkreise mit ausreichender Strom- oder Energiebegrenzung versehen sind und keine besonderen Gefährdungen (z. B. wegen Explosionsgefahr) bestehen	x	x	x
	Arbeiten zum Abwenden erheblicher Gefahren (z. B. für Leben und Gesundheit von Personen oder Brand- und Explosionsgefahren)	x		
	Arbeiten an Fernmeldeanlagen mit Fernspeisung, wenn Strom kleiner als AC 10 mA oder DC 30 mA	x	x	x

4.1 EuP in die DGUV V3 Prüfung einbeziehen

Darf eine Elektrotechnisch unterwiesene Person in die DGUV V3 – Prüfung von elektrischen Anlagen und Betriebsmitteln – miteinbezogen werden oder diese selbst durchführen?

Ja, darf sie, aber hier ist genau hinzuschauen. Sieht man sich die Tabelle 1B des § 5 DGUV V3 (früher BGV A3) an, heißt es hier:

> *„Stehen geeignete Mess- und Prüfeinrichtungen zur Verfügung, dürfen auch Elektrotechnisch unterwiesene Personen prüfen."*

Sich hierbei allein auf diesen Auszug und diesen Teil der DGUV V3 zu berufen, ist jedoch nicht ausreichend. Gehen wir einen Schritt weiter: Die DGUV Vorschrift 3 sieht vor, dass Prüfintervalle festgelegt werden. Die Prüfintervalle werden anhand der Gefährdungsbeurteilung (vgl. § 3 BetrSichV) datiert. Hierbei heißt es aber nach DGUV Vorschrift 3 in § 5:

> *„Zu prüfen ist durch eine Elektrofachkraft oder unter Leitung und Aufsicht einer Elektrofachkraft."*

Aus diesem Grund geht das nächste Unterkapitel darauf ein, warum die DGUV Vorschrift allein nicht ausreicht, um eine Beurteilung bezüglich des Einsatzes der EuP bei ebendieser Prüfung zu treffen.

4.1.1 Wieso reicht die DGUV Vorschrift alleine nicht aus?

Die Vorgaben zur Betriebssicherheit der Elektrotechnik werden in den Technischen Regeln der Betriebssicherheit (TRBS) erweitert. Laut diesen dürfe eine „befähigte Person" (bP) prüfen.

Was aber bedeutet „EuP – zur Prüfung befähigte Person" nach TRBS 1203 und warum müssen jetzt auch noch die TRBS herangezogen werden?

Die Gewichtung der staatlichen Vorgaben und Regelwerke sind höher einzustufen als die der Versicherer. So haben die TRBS einen höheren und maßgeblicheren Stellenwert als die Vorgaben der DGUV.

In den TRBS 1203 wird konkretisiert, was unter einer „befähigten Person" zu verstehen ist. Dabei stellt man schnell fest, dass eine EuP ohne Beisein einer Elektrofachkraft in der Regel nicht prüfen darf.

4.1.2 „Befähigte Person" nach TRBS 1203

Die „befähigte Person" nach TRBS 1203 muss wesentliche Kriterien erfüllen, um als befähigte Person die Prüfung durchführen zu dürfen. Die Bestellung obliegt jedoch der Führungskraft.

4.1.2.1 Berufsausbildung

Die befähigte Person für die Prüfungen zum Schutz vor elektrischen Gefährdungen muss eine elektrotechnische Berufsausbildung (Elektroniker der Fachrichtung Energie- und Gebäudetechnik, Automatisierungstechnik, Elektroniker für Maschinen- und Antriebstechnik sowie vergleichbare industrielle Ausbildungen) abgeschlossen haben bzw. ein abgeschlossenes Studium der Elektrotechnik oder eine andere für die vorgesehenen Prüfaufgaben vergleichbare elektrotechnische Qualifikation besitzen.

4.1.2.2 Berufserfahrung

Bezogen auf ihre Berufserfahrung muss die befähigte Person für die Prüfungen zum Schutz vor elektrischen Gefährdungen über eine mindestens einjährige Erfahrung mit der Errichtung, dem Zusammenbau oder der Instandhaltung von elektrischen Arbeitsmitteln und/oder Anlagen verfügen. Personen mit der oben genannten elektrotechnischen Ausbildung weisen die erforderliche Berufserfahrung für befähigte Personen für die Prüfungen zum Schutz vor elektrischen Gefährdungen im jeweiligen Tätigkeitsfeld auf.

4.1.2.3 Zeitnahe berufliche Tätigkeit

Geeignete zeitnahe berufliche Tätigkeiten von befähigten Personen für die Prüfungen zum Schutz vor elektrischen Gefährdungen können z. B. sein:

- Reparatur-, Service- und Wartungsarbeiten sowie abschließende Prüfung an elektrischen Geräten
- Prüfung elektrischer Betriebsmittel in der Industrie, z. B. in Laboren, an Prüfplätzen
- Instandsetzung und Prüfung von elektrischen Geräten unter Leitung und Aufsicht einer befähigten Person

4.1.2.4 Fachwissen

Fachwissen bedeuten Kenntnisse der einzelnen Regelwerke und das Wissen über eine normkonforme Prüfung erlangen und regelmäßig auffrischen, z. B. anhand der Teilnahme an Schulungen oder Fachtagungen.

4.1.2.5 Anforderungen an die Fachkenntnisse einer befähigten Person nach VDI 4068 Blatt 4

Nach den Richtlinien des Verein Deutscher Ingenieure (VDI) bedarf es für die befähigte Person folgende Qualifikationen:

- Kenntnisse sicherheitstechnisch relevanter Vorschriften und technischer Regeln
- sicherer Umgang mit den notwendigen Messgeräten
- Prüfinhalte und -abläufe nach VDE 0701-0702
- Kenntnisse der mechanischen und elektrischen Beurteilung handgeführter elektrisch betriebener Arbeitsmittel bei der Sichtprüfung
- Kenntnisse der Beurteilung von ermittelten Messwerten, vor allem im Vergleich zu ermittelten Werten anderer, vergleichbarer Geräte oder zu plausiblen Werten (Üblichkeitswerten) bzw. zu errechneten Werten
- Kenntnisse weiterer in Frage kommender technischer Regeln
- positiver Abschluss einer theoretischen und praktischen Lernerfolgskontrolle einer Grundschulung mit mindestens 16 Unterrichtseinheiten
- Auffrischung der Kenntnisse spätestens alle drei Jahre, z.B. durch eine externe Schulungseinrichtung

4.1.2.6 Zusammenfassung

Eine EuP kann keine befähigte Person in elektrotechnischen Prüfgeschäft ersetzen. Die Elektrotechnisch unterwiesene Person kann nur unterstützen!

Welche Tätigkeiten können durch eine EuP unter Leitung und Aufsicht einer EFK durchgeführt werden und welche nicht? Tabelle 2 fasst dies noch einmal zusammen:

Tabelle 2: Zusammenfassung der durch die EuP auszuführenden Tätigkeiten

Tätigkeiten	Ja	Nein
Zugang zur abgeschlossenen elektrischen Betriebsstätte zur Durchführung von Reinigungsarbeiten	x	
Eigenverantwortliches Prüfen ortsveränderlicher elektrischer Arbeitsmittel		x
Feststellen der Spannungsfreiheit vor Aufnahmen der eigentlichen Tätigkeit	x	
Öffnen von Gehäusen spannunfreier elektroscher Maschine mit Werkzeugen oder Schlüssel?	x	
Sperren von Elektrizitätszählern nach erfolgreicher Zusatzausbildung „Arbeiten unter Spannung"	x	
Prüfen an Prüfplätzen mit zwangsläufigen Berührungsschutz	x	

4.2 Die EuP innerhalb eines Prüfteams

Die EuP muss nicht vollständig außen vor bleiben. Denn sie kann in das Prüfteam eingebunden werden. Dies ist nach DGUV Information 203-071 (BGI/GUV-I 5190) von Februar 2012 in Abschnitt 4 „Anforderungen an das Prüfpersonal" vorgesehen. Hier heißt es:

> *„Dennoch ist es möglich, dass in einem Prüfteam die EuP im Rahmen der Wiederholungsprüfungen elektrotechnische Tätigkeiten übernimmt und damit die befähigte Person unterstützt."*

Während der Zusammenarbeit in einem Prüfteam, arbeitet die EuP unter der Aufsicht und Anleitung einer Elektrofachkraft oder befähigten Person.

4.3 Vorgaben für das Prüfteam

Auch für das Prüfteam selbst sind Vorschriften zu beachten:

- Verantwortlich für die Prüfung, Prüfschritte, Messverfahren, Bewertung der Messwerte und die Dokumentation bleibt die befähigte Person.
- Die befähigte Person legt die Rahmenbedingungen für die EuP fest.
- Die befähigte Person bestätigt die ordnungsgemäße Durchführung und unterzeichnet die Prüfung.
- Im Prüfprotokoll werden der Prüfer und die EuP benannt.

4.4 Das Prüfteam und die Gefährdungsbeurteilung

Der Unternehmer, sofern er die erforderlichen Qualifikationen aufweist, oder die verantwortliche Elektrofachkraft, müssen für das Prüfen von Arbeitsmitteln mit der Erstellung einer Gefährdungsbeurteilung die notwendigen Voraussetzungen ermitteln, welche die Mitarbeiter im elektrotechnischen Bereich aufweisen müssen. Die Vorschriften dazu finden sich in § 5 ArbSchG und § 3 BetrSichV. Sind die vorgesehenen Mitarbeiter nicht ausreichend qualifiziert, leiten sich aus den Gesetzen und Verordnungen Aus- und Weiterbildungsmaßnahmen ab, die vor dem Einsatz zu absolvieren sind.

4.5 Bestellung einer EuP

BESTELLUNG

zur elektrotechnisch unterwiesenen Person (EuP),
gemäß DGUV Vorschrift 3 „Elektrische Anlagen und Betriebsmittel" und VDE-Bestimmung DIN VDE 0105-100 „Betrieb von elektrischen Anlagen – Allgemeine Festlegungen".

Herr/Frau:
beschäftigt bei:
Personalnummer:

wird hiermit zur elektrotechnisch unterwiesenen Person bestellt. Herr/Frau ... ist aufgrund dieser Bestellung berechtigt, elektrotechnische Tätigkeiten gemäß dem in Anhang 1 angefügten Tätigkeitsprofil und der entsprechenden Arbeitsanweisungen an den in Anhang 2 benannten elektrischen Anlagen der Fertigung (Bereich ...) vorzunehmen.
Herr/Frau ... wurde durch eine orts- und anlagenkundige Elektrofachkraft praktisch in die betreffenden elektrischen Anlagen und in die auszuführenden Tätigkeiten eingewiesen. Die EuP darf gemäß der DGUV Vorschrift 3 nur unter Leitung und Aufsicht einer Elektrofachkraft tätig werden. Bei der Mustermann GmbH sind das am Standort Musterstadt die jeweils diensthabenden Schichtelektriker.
Herr/Frau ... wurde vor dieser Bestellung in einem Seminar über die Gefahren des elektrischen Stromes und über die Gefahrenabwehrmaßnahmen belehrt und verpflichtet sich, diese Sicherheitsregeln und Unfallverhütungsvorschriften stets einzuhalten. Herr/Frau ... hat die Inhalte des Seminars und der Unterweisung verstanden und stimmt der Bestellung zu.

TÄTIGKEITSPROFIL
für die Elektrotechnisch unterwiesene Person Anhang 1

Herr/Frau … ist nach seiner Bestellung zur elektrotechnisch unterwiesenen Person berechtigt folgende Tätigkeiten an den in Anhang 2 aufgeführten betrieblichen elektrischen Anlagen – nach erfolgter praktischer Vor-Ort-Einweisung durch eine Elektrofachkraft und unter deren Leitung und Aufsicht – auszuführen:

1. Betreten abgeschlossener elektrischer Betriebsstätten gemäß Arbeitsanweisung A1
2. Betätigen von Schutzeinrichtungen Leitungsschutzschalter, Fehlerstromschutzschalter und Motorschutzschalter gemäß Arbeitsanweisung A4

Herr/Frau … verpflichtet sich durch seine Unterschrift, keine weiteren als die oben aufgeführten Tätigkeiten, Schalthandlungen oder Eingriffe an betrieblichen elektrischen Anlagen vorzunehmen.

5 Grundlagen der Elektrotechnik für die EuP

5.1 Grundlagen der Elektrotechnik

5.1.1 Elektrische Spannung „Volt" = V

Die elektrische Spannung ist eine physikalische Angabe, die bezeichnet, wieviel Energie benötigt wird, damit sich eine elektrische Ladung in einem Leiter bewegen kann, so dass Strom fließt. Es handelt sich um die Potentialdifferenz zwischen zwei Punkten (negative und positive Ladungsträger). Verbindet man beide Punkte mit einem elektrischen Leiter (Kupfer, Aluminium ...), findet ein Fluss der Elektronen statt, der die Konzentration ausgleicht – es fließt Strom. Die Spannung ist der Unterschied der Konzentration und damit die Ursache für den Stromfluss. Spannung wird in Volt gemessen, das Zeichen in der Berechnungsformel ist U.

Formel zur Berechnung der elektrischen Spannung:

$$elektr.\,Spannung = elektr.\,Strom * elektr.\,Widerstand$$

$$U = I * R$$

Formelzeichen [U]; Einheit Volt; Einheitszeichen V

5.1.2 Elektrischer Strom „Ampere"

Unter elektrischem Strom versteht man die gerichtete Bewegung von Elektronen in einem Leiter oder den Fluss von elektrischer Ladung, d.h. Elektronen in einem leitungsfähigen Material. Dieser Leiter bietet freie Ladungsträger und verbindet die Komponenten miteinander, wodurch ein Stromkreis entsteht. Damit man diesen Stromlauf nutzen kann, benötigt man noch einen Verbraucher, wie zum Beispiel eine Leuchtbirne.

Das entsprechende Zeichen in der Berechnungsformel ist I, die Einheit für Strom ist Ampere (A).

Formel zur Berechnung des elektrischen Stroms:

$$elektr.\,Strom = \frac{elektr.\,Spannung}{elektr.\,Widerstand}$$

$$I = \frac{U}{R}$$

Formelzeichen [I]; Einheit Ampere; Einheitszeichen A

5.1.3 Elektrischer Widerstand „Ohm" = Ω

Der elektrische Widerstand zeigt an, wieviel elektrische Spannung nötig ist, damit eine gewisse Stromstärke durch einen Stromleiter fließen kann. Die Materialien unterschiedlicher Stromleiter zeigen auch verschiedene Leitfähigkeiten. Dies hat der deutsche Physiker Georg Simon Ohm erkannt, nach welchem auch das Ohm'sche Gesetz benannt wurde. Er erkannte den Zusammenhang zwischen Stromstärke, Spannung und Widerstand und hat damit die Basics für die heutige Elektronik begründet. Gemäß diesem Ohm'schen Gesetz steigt der Strom in Proportion zur Spannung bei gleichbleibendem Widerstand. Übersetzt heißt das: Verdoppelt sich die Spannung, dann verdoppelt sich der Strom in einem geschlossenen Stromkreis. Ein elektrischer Widerstand behindert den freien Fluss von Elektronen in einem elektrischen Leiter und setzt somit dem Strom einen Widerstand entgegen. Dieser Widerstand muss mittels elektrischer Spannung überwunden werden.

Formel zur Berechnung des elektrischen Widerstands:

$$elektr.\ Widerstand = \frac{elektr.\ Spannung}{elektr.\ Strom}$$

$$R = \frac{U}{I}$$

Formelzeichen [R]; Einheit Ohm; Einheitszeichen Ω

5.1.4 Elektrische Leistung „Watt"

Unter der elektrischen Leistung versteht man das Produkt aus elektrischer Spannung und elektrischem Strom. Die elektrische Leistung ist die umgesetzte Energie in einer bestimmten Zeitspanne. Während die Berechnung bei Gleichstrom noch relativ einfach ist, wird es bei Wechselstrom schon komplizierter, da hierbei noch unterschieden wird zwischen Scheinleistung, Wirkleistung, Blindleistung und zu guter Letzt gibt es noch den Augenblickswert.

Der Buchstabe für die Berechnung ist P, die Bezeichnung ist wie bereits erwähnt Watt.

Formel zur Berechnung der elektrischen Leistung:

$$elektr.\ Leistung = elektr.\ Spannung * elektr.\ Strom$$

$$P = U * I$$

Formelzeichen [P]; Einheit Watt; Einheitszeichen W

5.1.5 Elektromagnetische Induktion

Die Elektromagnetische Induktion bezeichnet ein elektrisches Feld, das durch die Änderung eines magnetischen Flusses entsteht.

Entdeckt wurde sie durch den britischen Naturforscher Michael Faraday im Jahre 1831, weshalb sie auch Faraday'sche Induktion genannt wird. Er wollte die Funktionsweise von einem Elektromagneten so ändern beziehungsweise umkehren, dass anstatt der Erzeugung eines Magnetfeldes durch Strom ein Stromfluss durch ein Magnetfeld entsteht. Dieses Prinzip wird insbesondere bei Geräten wie Elektromotoren, Transformatoren oder Generatoren umgesetzt.

5.1.6 Der Gleichstromkreis

Unter Gleichstrom versteht man einen Stromkreis, bei dem sich die Elektronen durch den Leiter konstant vom Minus- zum Pluspol bewegen und somit der

Strom immer gleich in einer Richtung fließt. Im zeitlichen Verlauf ergibt sich dadurch ein Liniendiagramm, bei der die Gerade parallel zur Zeitachse verläuft. Dieser zeitliche Verlauf ist typisch für die Stromstärke der elektrischen Energiequelle, meist eine Spannungsquelle, von der er abgegeben wird. So entsteht ein Gleichstrom aus einer Gleichspannung und dieser Zusammenhang wird wiederum im Ohm'schen Gesetz beschrieben.

Die englische Bezeichnung für Gleichstrom und Gleichspannung ist DC und bedeutet **d**irect **c**urrent. Die Gegenspieler, der Wechselstrom und die Wechselspannung haben das Kürzel AC, was **al**ternating **c**urrent bedeutet.

Wenn Ihnen jetzt, also hauptsächlich wohl den etwas älteren Semestern, eine sehr bekannte britische Band in den Sinn kommt, haben sie einen guten Zusammenhang gezogen. Denn AC/DC hatte genau diese Intention für ihre Namensgebung.

Und jetzt kommen wir an dieser Stelle gleich zum Unterschied zwischen Gleichstrom und Wechselstrom, den Sie entweder bereits wissen oder erraten können.

Im Gegensatz zum Gleichstrom kann sich beim Wechselstrom die Bewegungsrichtung der Elektronen periodisch ändern. Das besprechen wir im nächsten Absatz.

5.1.7 Wechselspannung/Wechselstrom

Beim Wechselstrom ändert der Strom in periodisch wiederkehrender Form seine Richtung. Dabei ergänzen sich die Augenblickswerte so, dass der Strom zeitlich gemittelt null ist und der Stromfluss eine Sinuskurve ergibt. Deshalb ist die bildlich dargestellte Sinuskurve auch das internationale Zeichen für Wechselstrom.

Der sinusförmige Wechselstrom ist auch die weltweit gängige Stromversorgung für elektrische Energie. In der Hochfrequenz wird der Wechselstrom primär in der Nachrichtentechnik und in der Elektromedizin verwendet.

Im europäischen Stromnetz gilt: 50 Perioden pro Sekunde bilden 50 Hertz. Daraus ergibt sich die Darstellung: Frequenz f = 50 Hz

Wenn man jetzt die Fläche unter einer Sinuskurve als flächengleiches Rechteck formen würde, so würde die Höhe dieses Rechtecks die Effektivspannung ergeben.

Dabei ergibt sich folgende Formel:

$$\textit{Maximalwert } \hat{u} = U_{eff} \times \sqrt{2}$$

Somit ist die Rechnung für den Maximalwert von 230 V:

$$\hat{u} = 230 \times 1{,}41421 \ldots = 325{,}27\ V$$

5.1.8 Drehstrom

Als Drehstrom oder ausführlich Dreiphasenwechselstrom wird der Stromfluss bezeichnet, der aus drei einzelnen Wechselströmen mit gleicher Frequenz besteht, die zueinander im 120 Grad Winkel verschoben sind. Umgangssprachlich ist dieser Dreiphasenwechselstrom auch als Starkstrom bekannt.

Die Spannung zwischen dem Neutralleiter und dem Leiter wird als Strangspannung bezeichnet und die Spannung zwischen den Leitern ist die – wer hätte es erraten – Leiterspannung. Diese wiederum ist die Wurzel-3-fache Strangspannung.

Das sieht in einer Formel dann also so aus:

$ULeiter = UStrang \times \sqrt{3}$

Daraus ergibt sich die Leiterspannung (von Leiter zu Leiter) bei einer Strangspannung (von Leiter zu Neutralleiter) von 230 V:

$ULeiter = 230\ V \times 1{,}7320508 = 398{,}37\ V$, *also circa 400 V*

Wechselstromverbraucher liegen zwischen dem Leiter und dem Neutralleiter bei einer Spannung von 230 V.

Drehstromverbraucher besitzen drei Widerstände, die in einem Dreieck oder sternförmig geschaltet und mit den drei Leitern verbunden sind.

Und als Krönung zu diesem Basiswissen kommt noch dazu, dass bei der Dreieckschaltung alle drei Widerstände (Spulen) mit zwei Leitern verbunden sind und somit wiederum eine Spannung von 400 V entsteht. Ein Neutralleiter ist hier nicht nötig.

5.1.9 Reihenschaltung von Widerständen

Bei einer Reihenschaltung von Widerständen sind folgende Grundsätze zu beachten:

- In einer Reihenschaltung von Widerständen fließt durch jeden Widerstand der gleiche Strom (I).
- An jedem Widerstand besteht ein Spannungsfall (U1, U2), welche sich zur Gesamtspannung (U) der Spannungsquelle summieren.
- Der Gesamtwiderstand (R) in einer Reihenschaltung ergibt sich aus den Einzelwiderständen.

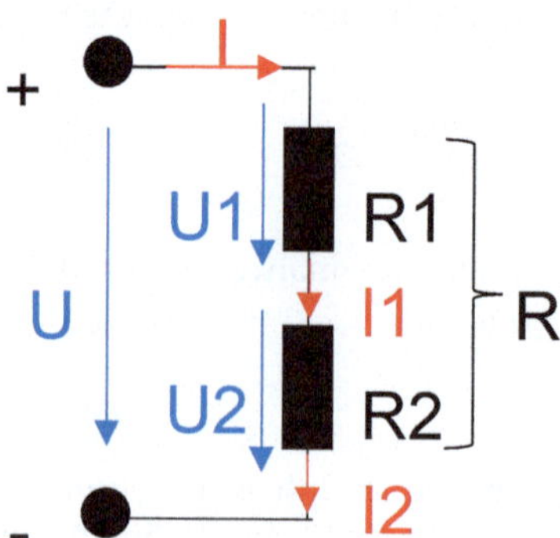

$I = I1 = I2$

$U = U1 + U2$

$R = R1 + R2$

Spannung	U = 230 V	U1 = 153,33 V	U2 = 76,66 V
Strom	I = 0,306 A	I1 = 0,306 A	I2 = 0,306 A
Widerstand	R = 750 Ohm	R1 = 500 Ohm	R2 = 250 Ohm

5.1.10 Parallelschaltung von Widerständen

Bei einer Parallelschaltung von Widerständen sind folgende Grundsätze zu beachten:

- In einer Parallelschaltung ergibt sich der Gesamtstrom (I) aus der Summe der Einzelströme (I1, I2).
- An jedem Widerstand besteht die gleiche Spannung.
- Der Gesamtwiderstand in einer Parallelschaltung ist kleiner als der kleinste Einzelwiderstand.
- Mit jedem Parallelwiderstand steigt der Gesamtstrom.
- Bleibt die Spannungsquelle unverändert, bedeutet dies die Verkleinerung des Gesamtwiderstands.

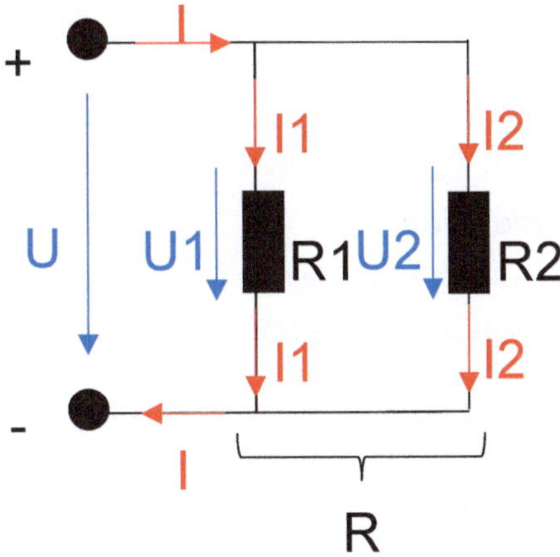

$I = I1 + I2$

$U = U1 = U2$

$\frac{1}{R} = \frac{1}{R1} + \frac{1}{R2}$

Spannung	U = 230 V	U1 = 230 V	U2 = 230 V
Strom	I = 1,38 A	I1 = 0,46 A	I2 = 0,92 A
Widerstand	R = 166,66 Ohm	R1 = 500 Ohm	R2 = 250 Ohm

5.1.11 Strommessung

Bei einer Strommessung sind folgende Grundsätze zu beachten:

- Das Strommessgerät (Amperemeter) ist in einer Reihe zum Verbraucher anzuschließen.
- Die Stromart ist auf Wechsel- oder Gleichstrom (AC/DC) zu stellen.
- Bei Gleichstrom auf die Polarität achten.
- Es ist der korrekte Messbereich zu wählen.

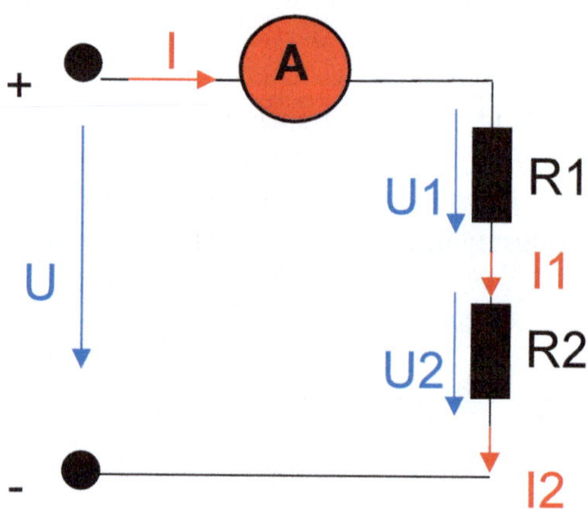

5.1.12 Spannungsmessung

Bei einer Spannungsmessung sind folgende Grundsätze zu beachten:

- Das Spannungsmessgerät (Voltmeter) ist parallel zum Verbraucher anzuschließen.
- Die Spannungsart ist auf Wechsel- oder Gleichspannung (AC/DC) zu stellen.
- Bei Gleichspannung auf die Polarität achten.
- Es ist der korrekte Messbereich zu wählen (Abbildung 2).

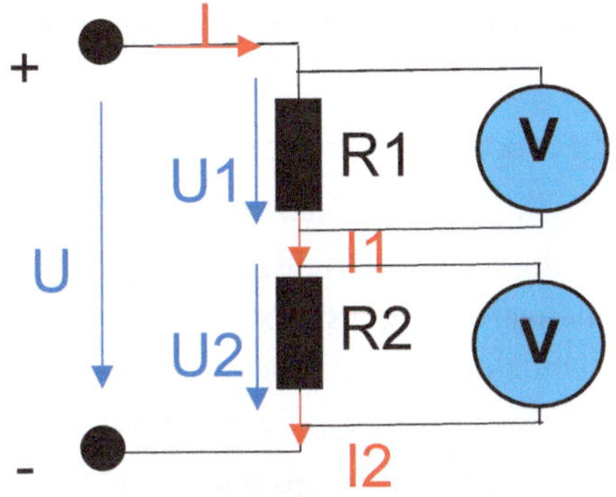

Abbildung 2: Zweipoliger Spannungsprüfer

5.2 Leitungen, Material und Werkzeug in der Elektrotechnik

5.2.1 Farben und Funktionen der Leitungen

Bei der Verlege-Leitung für 230 Volt Wechselstrom (starr/fest) gilt:

- Braun kennzeichnet die stromführende Zuleitung/Phase oder Leiter „L“.
- Blau ist der Neutralleiter beziehungsweise der Rückleiter „N“.
- Grün-Gelb ist der Schutzleiter bzw. die Schutzmaßnahme „PE“.

Bei der Verlängerungs- oder Zuleitung für 230 Volt Wechselstrom (flexibel) gilt:

- Braun ist die stromführende Zuleitung/Phase oder Leiter „L1“.
- Blau ist der Neutralleiter beziehungsweise der Rückleiter „N“.
- Grün-Gelb ist der Schutzleiter bzw. die Schutzmaßnahme „PE“.

Bei der Verlege-Leitung für 400 Volt gilt:

- Braun, schwarz und grau sind die 3 stromführenden Zuleitungen (Phasen/Leiter) „L1“, „L2“ und „L3“.
- Blau ist der Neutralleiter beziehungsweise der Rückleiter „N“.
- Grün-Gelb ist der Schutzleiter bzw. die Schutzmaßnahme „PE“.

5.2.2 Leitungsarten für die Unterputz- und Aufputz-Installation (UP = Unterputz, AP = Aufputz)

Beim Installieren oder Verlegen von Leitungen unterscheiden wir zwischen Unterputz (in der Wand) und Aufputz (auf der Wand). Entsprechend gibt es auch Unterschiede beim zu verwendenden Material. Weitere Variationen für das Verlegen von Leitungen gibt es noch als Verbindungen zwischen Masten oder Gebäuden sowie in der Erde.

Leitungen für UP und AP:

- Antennenleitung bzw. Koaxialleitung
- Erdkabel NYY
- Netzwerkleitung – Bei UP als starre Verlegeleitung
- Mantelleitung NYM – Bei UP als starre Verlegeleitung

Bei UP:

- Stegleitung (nur in trockenen Räumen)

Bei AP:

- Telefonleitung
- Aderleitung H07V-U (mit Montagerohr, einzelne Adern)

5.2.3 Installations- und Befestigungsmaterial

- **Nagelschellen**
  Die kennen wir alle. Sie müssen natürlich zum Durchmesser der Leitung passen und dürfen die Leitung nicht beschädigen.
- **Iso-Schellen**
  Mit Hilfe dieser lassen sich Montagerohre befestigen. Sieht sauberer und aufgeräumter aus als bei Nagelschellen. Nebeneinander installiert können so auch mehrere unterschiedliche Leitungen verlegt werden.
- **Montagerohr bzw. Leerrohr**
  Gemäß Vorschrift müssen die Iso-Schellen als Befestigungen bei einer waagerechten Verlegung alle 40 Zentimeter und bei einer senkrechten Verlegung alle 50 Zentimeter angebracht sein. Von der Schelle bis zum Ende des Rohres dürfen es höchstens zehn Zentimeter sein. Die Leitungen dürfen nicht geknickt werden, beispielsweise bei einem Übergang von einem senkrechten zu einem waagerechten Verlauf. Die Rohre gibt es in unterschiedlichen Durchmessern.
- **Verteilerdosen**
  Hier gibt es Unterschiede bei AP oder UP. Im Außenbereich oder in Feuchträumen muss die Dichtigkeit gewährleistet sein. Auch auf die zulässige Spannung, einen maximal möglichen Leiterquerschnitt oder die Schutzart IP muss geachtet werden.
- **Verteilerdosen in Metallausführung**
  Diese sind mit Kabelverschraubungen versehen, die wiederum für Dichtigkeit sorgen und einer Zugentlastung dienen. Im Inneren ist eine Hutschiene angebracht, auf der beispielsweise Klemmen befestigt werden können.
- **Kabelkanal**
  Wie ein Kabelrohr, nur größer und mit mehr Platz für allerlei Kabel. Allerdings gibt es auch hier ein paar Dinge zu beachten und man sollte nicht alle möglichen Kabel darin verpacken. So passen Telefon- oder Datenleitungen nicht unbedingt mit Wechsel- oder Drehstromleitungen zusammen, weil es dabei zu Störungen kommen kann. Zudem sollte man darauf achten, dass die Wärme, die in einem Kabelkanal entsteht, auch entweichen kann.
- **Kabelbühnen**
  Sie werden an der Wand befestigt oder von der Decke abgehängt, und auf ihnen können Leitungen abgelegt werden. Damit bleiben die Kabel aufgeräumt, aber zugänglich.

Dann gibt es noch sonstiges Equipment oder Vorkehrungen, die nicht unbedingt zum Bereich Installationsmaterial gehören:

- **Knickschutz**
  Einen Knickschutz findet man häufig beim Ausgang des Kabels aus dem Gehäuse oder beim Eintritt in das Gehäuse, je nach Blickwinkel. In jedem Fall ist das die Stelle, an der Kabelbrüche entstehen können. Durch den Knickschutz um das Kabel wird das verhindert.

- **Zugentlastung**
  Zugentlastungen wirken auf den Kabelmantel, jedoch nicht auf die Isolierungen der einzelnen Adern. Durch diese Zugentlastungen werden die Zugkräfte nicht auf die Klemmstellen übertragen, sondern bereits an den Steckern oder Anschlüssen am Gehäuse oder sonstigen Arbeitsgeräten abgefangen.

5.2.4 Werkzeuge

Die Werkzeuge, die in der Elektrotechnik zum Einsatz kommen, sind grundsätzlich gegen Stromschlag vor der Entstehung eines Kurzschlusses durch eine Isolierung geschützt. Dies ist durch Symbole in Form von zwei Dreiecken und einem Isolator gekennzeichnet. Die jeweils zulässige Spannung ist in Volt angegeben. Natürlich muss darauf geachtet werden, dass das bearbeitete Material nicht beschädigt wird.

Wir unterscheiden zwischen drei Gruppen:

- Die Schraubendreher
- Zangen und Scheren
- Werkzeuge zum Abisolieren

Schraubendreher

Gibt es in vielfältigen Ausführungen, als „Kreuz" oder „Schlitz" und in unterschiedlichen Größen. Sie sollten jeweils perfekt auf die Schraube passen, damit sie optimale Kraftübertragung haben und weder die Schraube noch das Werkzeug beschädigt wird (Abbildung 3).

Abbildung 3: Isolierter Schraubendreher

Zangen

Zangen gibt es in folgenden Versionen:

- *Telefonzange*, gerade oder gewinkelt
  Für das filigrane Arbeiten mit einzelnen Adern. Es gibt sie auch noch in einer Kunststoff-Ausführung, die durch diese Vollisolierung zusätzlichen Schutz bietet.
- *Seitenschneider*
  Zum Schneiden von Adern oder Kabeln
- *Kabelschere*
  Ist durch ihre Form ideal zum Schneiden von Kabeln

- *Crimpzange* für Kabelschuhe
  Zum Pressen von Kabelschuhen oder Steck- beziehungsweise Stoßverbindern. Der Kopf der Crimpzange ist je nach Querschnitt farblich markiert: Rot gilt für 0,5 bis 1,5 mm², Blau für 1,5 bis 2,5 mm² und Gelb für 4 bis 6 mm².
- *Automatische Crimpzangen* für Ader-Endhülsen
  Ader-Endhülsen werden auf das blanke und abisolierte Ende einer Ader geschoben und dann gepresst. Für diesen Pressvorgang eignet sich am besten die passende Crimpzange (Abbildung 4).

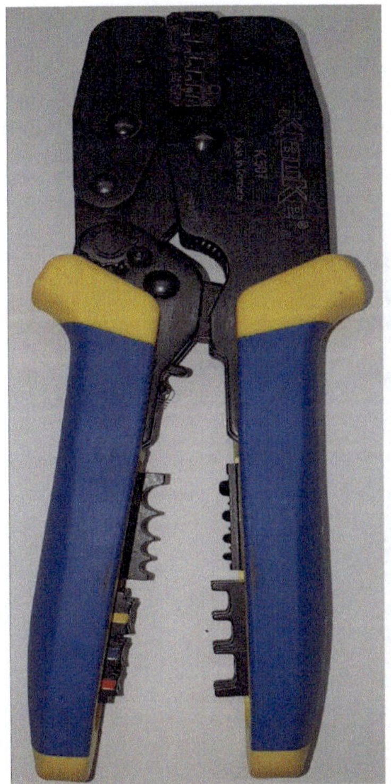

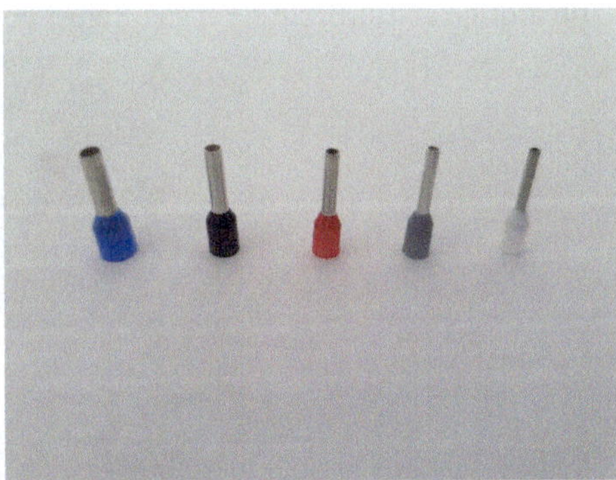

Abbildung 4: Crimpzange, Aderendhülsenzange und Aderendhülsen mit Kragen

Werkzeuge zum Abisolieren

- *Kabelmesser*
  Mit diesem kann man den Außenmantel einer größeren Leitung entfernen. Dabei wird der Mantel mit dem Bügel eingeschnitten und die Leitung mit der Klinge in Längsrichtung aufgeschnitten.
- *Abmantelungs- oder auch Absetz-Werkzeug*
  Zum einfachen Entfernen des Außenmantels einer Leitung, wobei diese mit den Schalen umschlossen wird, dabei der Mantel eingeschnitten und nach einer kleinen Drehung abgezogen werden kann.
- *Automatische Abisolierzange* (siehe Abbildung 5)
  Damit lassen sich die Isolationen einzelner Adern durch einen einzigen Griff entfernen. Die Ader wird in den Kopf der Zange eingeführt und durch Zusammenpressen der Griffe wird die Isolierung automatisch abgezogen. Auch die nötige Schnitttiefe stellt sich selbst ein.

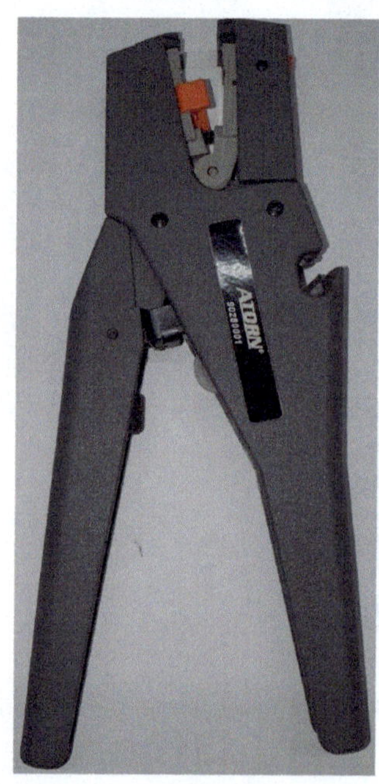

Abbildung 5: Automatische Abisolierzange

Abbildung 6: Entmantelungsmesser frontal und seitlich

5.3 Zehn Sicherheitsregeln für den elektrotechnischen Laien

Die EuP muss die zehn Sicherheitsregeln der elektrotechnischen Laien beherrschen. Denn diese schützen das Leben der EuP und anderer Beteiligten.

5.3.1 Prüfung elektrischer Geräte und Anlagen per Augenschein

Bevor elektrische Geräte und Anlagen in Betrieb genommen werden, muss die EuP diese auf augenscheinliche Mängel überprüfen. Die EuP darf keine elektrischen Betriebsmittel in Gebrauch nehmen, die beschädigte Leitungen, Steckvorrichtungen oder Abdeckungen aufweisen. Steckvorrichtungen von Verlängerungsleitungen müssen zur Anlage bzw. zu den elektrischen Betriebsmitteln passen. Anschlussleitungen müssen ebenfalls in einem einwandfreien Zustand gehalten werden. Die EuP muss Abstand von unter Spannung stehenden aktiven Teilen halten und darf diese niemals berühren. Darüber hinaus muss die EuP darauf achten, dass die elektrische Anlage regelmäßig gewartet wird.

5.3.2 Bedienung elektrischer Geräte bzw. Anlagen nach Benutzerinformation und Einweisung

Die EuP darf elektrische Geräte und Anlagen erst bedienen, nachdem sie eingewiesen wurde und/oder die Benutzerinformationen gelesen und verstanden hat. Sie hat darauf zu achten, dass sich Schalteinrichtungen im vorgesehenen einwandfreien Zustand befinden und nicht verklebt, verstellt oder anders funktionsunfähig gemacht worden sind. Ein Stecker sollte immer am Stecker selbst und nicht am Kabel aus der Steckdose herausgezogen werden. Die EuP darf keine Geräte ohne oder mit ungeeigneten Steckvorrichtungen anschließen. Anschlussleitungen und Verlängerungsleitungen müssen nach der Benutzung vom Strom getrennt werden.

5.3.3 Beachtung von Nass- und Feuchtbereichen

Elektrische Geräte und Anlagen sind vor Spritzwasser zu schützen und dürfen nicht in der Nähe feuchter Umgebungen betrieben werden. Für feuchte Einsatzbereiche sind speziell dafür zugelassene elektrische Geräte und Anlagen einzusetzen. Elektrische Geräte, die nicht dafür zugelassen sind, müssen trocken gelagert werden. Vor Bewässerungsarbeiten sind diese zu schützen oder außer Reichweite zu bringen. Bei Störungen ist das betroffene Elektrogerät bzw. die betroffene Anlage vom Strom zu trennen. Die EuP selbst darf während des Betriebs oder der Reparatur nicht mit den Füßen im Wasser stehen und muss trockene Hände haben.

5.3.4 Richtiges Verhalten bei Störungen

Treten Störungen an elektrischen Geräten oder Anlagen auf, sind diese zuerst vom Strom zu trennen. Hierfür zieht die EuP den Stecker aus der Steckdose und/oder trennt die Spannung über den Sicherungsautomaten. Dabei muss die EuP sich darüber vergewissern, dass alle Leitungen ohne Spannung sind. Brennt eine ausgetauschte Sicherung erneut durch, ist eine Elektrofachkraft hinzuzuziehen. Tritt ein Durchströmungsunfall auf, ist die Versorgungsspannung abzuschalten. Dabei ist zu beachten, dass bei erhöhten Standorten eine Absturzgefahr bestehen könnte. Liegt ein Hochspannungsdurchströmungsunfall vor, ist ebenfalls umgehend eine Elektrofachkraft hinzuzuziehen. Die EuP sollte darüber hinaus an die verunglückte Person herantreten und sofort einen Arzt und/oder qualifizierten Ersthelfer anrufen.

5.3.5 Schäden an elektrischen Geräten und/oder Anlagen melden

Ein elektrotechnischer Laie muss Schäden oder Veränderungen an elektrischen Geräten und/oder Anlagen umgehend einer Elektrofachkraft melden. Außerdem sind – abhängig von der konkreten Situation – weitere Personen zu informieren. Betroffene Geräte und/oder Anlagen dürfen bis zur Instandsetzung nicht weiter genutzt werden. Ist bei der Berührung eines Gerätes ein Kribbeln feststellbar, muss dieses abgeschaltet und eine Elektrofachkraft informiert werden. Auch Brandgeruch, Rauch- oder Funkenbildung sind umgehend einer Elektrofachkraft zu melden. Die Umgebung muss abgesichert und auf der Erde liegende Freileitungen müssen gemieden werden.

5.3.6 Reparaturen und Arbeiten an elektrischen Geräten und/oder Anlagen

Reparaturen und Arbeiten an elektrischen Geräten und/oder Anlagen dürfen ausschließlich von einer Elektrofachkraft durchgeführt werden, ganz egal wie einfach die Reparaturen und Arbeiten sein mögen. Nur die Elektrofachkraft ist zum Errichten, Ändern und Instandsetzen elektrischer Anlagen und Betriebsmittel befähigt und berechtigt. Verfügt der Betrieb über eine Elektrowerkstatt, sind nur qualifizierte Mitarbeiter der Werkstatt zu Reparaturen und Arbeiten berechtigt. Verfügt der Betrieb hingegen nicht über eine Elektrowerkstatt, sind externe Elektrofachkräfte zu beauftragen.

Provisorische Reparaturen sind zu vermeiden. Bevor eine EuP eine beschädigte Leitung mit einem Isolierband „repariert", ist eine Elektrofachkraft hinzuzuziehen. Denn diese „Reparaturen" sind nur kurzfristiger Natur und gefährlich. Zur Messung einer Spannungsfreiheit sind nur einwandfreie und vorschriftsmäßige Spannungsprüfer zugelassen. Do-it-yourself-Anleitungen sind mit Vorsicht zu genießen. In der Regel ist davon abzuraten.

5.3.7 Besondere Umgebungsbedingungen

Besondere Umgebungsbedingungen erfordern besondere Maßnahmen: Die EuP sollte bei Hitze, Kälte, feuergefährlichen, explosionsgefährdeten und unter chemischen Einflüssen stehenden Bereichen nur dafür gesondert bereitgestellte Geräte verwenden. Die Auswahl dieser Geräte trifft ausschließlich eine Elektrofachkraft. An Anschlussleitungen sind Quetschungen und Beeinträchtigungen aller Art zu vermeiden. Verlängerungsleitungen einfacher Art sind durch spezielle Verlängerungsleitungen zu ersetzen. In Räumen mit leitfähigen Stoffen sind nur Geräte mit besonderen Schutzmaßnahmen zu verwenden. Treten ungewöhnliche Einwirkungen auf, sind die Elektrowerkzeuge nicht mehr weiter zu verwenden.

5.3.8 Verhalten in elektrischen Betriebsstätten

Elektrotechnische Laien dürfen elektrische Betriebsstätten und Schaltanlagen nicht betreten. Auch das Öffnen von Schaltschränken, Schaltkästen, Verteilungen und Absperrungen ist untersagt. Des Weiteren dürfen elektrotechnische Laien Türen zu elektrischen und abgeschlossenen elektrischen Betriebsstätten nicht öffnen. Warn- und Abgrenzungshinweise sind ebenso zu beachten wie Markierungen, Warnvorrichtungen und isolierende Abdeckungen.

5.3.9 Arbeiten in der Nähe elektrischer Anlagen

Arbeiten in der Nähe elektrischer Anlagen dürfen elektrotechnische Laien nur nach Anweisung einer Elektrofachkraft durchführen. Das betrifft beispielsweise Fliesenleger, Maler und Lackierer, Mitarbeiter im Leitungsbau und Maurer.

5.3.10 Arbeiten in der Nähe von Freileitungen oder Kabeln

Bei Arbeiten in der Nähe von Freileitungen oder Kabeln sind besondere Sicherheitsmaßnahmen zu befolgen. Diese werden von einer Elektrofachkraft und/oder dem Energieversorger festgelegt. Die Sicherheitsmaßnahmen und dazugehörigen Informationen werden benötigt, wenn:

- Transportarbeiten in der Nähe von Freileitungen durchgeführt werden,
- Hubarbeitsbühnen in der Nähe von Freileitungen zum Einsatz kommen,
- in der Nähe von Freileitungen Messarbeiten durchgeführt werden,
- Fernsehantennen auf dem Dach in der Nähe einer Freileitung montiert werden,
- Arbeiten an einem Gebäude anstehen, das einen Freileitungsanschluss trägt,
- Erdarbeiten in der Nähe einer Kabeltrasse durchgeführt werden,
- Arbeiten auf Begrenzungsanlagen auf Feldern, die von Freileitungen gekreuzt werden, oder
- landwirtschaftlich genutzte Flächen in der Nähe von Freileitungen ausgestreut werden (z. B. mit Düngemitteln und Insektiziden).

5.4 Stromablaufpläne in der Elektrotechnik

Bei den Stromlaufplänen oder auch Schaltplänen unterscheiden wir zwischen

- Übersichtsplan/Installationsplan,
- Anschlussplan,
- Stromlaufplan in aufgelöster Darstellung,
- Stromlaufplan in zusammenhängender Darstellung.

5.4.1 Der Übersichtsplan

Der Übersichtsplan zeigt, wo die einzelnen Schalter, Steckdosen und Leitungen in einem Raum angeordnet sind. Diese sind einpolig dargestellt und bei den Leitungen wird die jeweilige Zahl der Adern genannt.

5.4.2 Der Anschlussplan

Der Anschlussplan dient dazu, einen Überblick über die Kontakte zu bekommen. Er beinhaltet für jeden Anschluss die nötigen Informationen.

5.4.3 Stromablaufplan in aufgelöster Darstellung

Dieser zeigt auf eine einfache und übersichtliche Art die Wirkungsweise einer elektrischen Schaltung. Mit Hilfe dieses Plans kann man den Weg des elektrischen Stroms nachverfolgen: von einem Außenleiter als Spannungsquelle über Schalter bis zum Verbraucher, also einer Kaffeemaschine oder einer Lampe und wieder zurück.

Die tatsächliche Lage der einzelnen Elemente im Raum wird hierbei nicht berücksichtigt.

5.4.4 Stromablaufplan in zusammenhängender Darstellung

Dieser zeigt die Funktionszusammenhänge einer Schaltung sowie den Aufbau der einzelnen Betriebsmittel und deren Anordnung, wie sie in der Wirklichkeit vorzufinden sind.

5.5 Messtechnik und Messgeräte

In der Messtechnik werden mittels geeigneter Sensoren an Messgeräten alle elektrotechnischen Größen wie Strom, Spannung, Widerstand und Ladung erfasst, in elektrische Impulse umgesetzt und schließlich angezeigt. Dies gilt aber auch für die Auswirkungen des Stromlaufs, also zum Beispiel für Lichtmenge, Kraft oder Temperatur.

Ein vielfältig einsetzbares Messgerät ist das Multimeter (siehe Abbildung 7), mit dem man auf einfache Art Strom, Spannung oder Widerstand messen kann.

Dabei schaltet das Multimeter beim Messen der Spannung auf einen sehr großen Widerstand, wobei es selbst zum Isolator wird und damit die Messungen der jeweiligen Schaltung nicht beeinträchtigt.

Abbildung 7: Multimeter mit Anzeige Spannung, Stromstärke und Widerstand (v.l.n.r.)

Dagegen wird der Widerstand bei der Messung von Strom sehr gering, sodass sich das Messgerät quasi wie eine Leitung verhält und auch hierbei die Messungen nicht verändert.

Bleibt noch die Messung des Widerstands, und dabei wird die eigene Batterie des Geräts als Stromquelle verwendet. So werden diese Messungen nur an Geräten oder Leitungen durchgeführt, die spannungsfrei sind.

Bei Messungen für unterwegs, zum Beispiel auf einer Baustelle, ist der mobil einsetzbare Duspol das ideale Gerät. Damit kann die Spannung beziehungsweise die Spannungsfreiheit geprüft werden, ebenso eine Drehfeldrichtung oder die Zuordnung von L und N.

5.5.1 Messung des Stroms

Bei der Messung des Stroms wird der Stromkreis unterbrochen, damit das Amperemeter in Reihe zum Verbraucher geschaltet werden kann. Dabei spielt es keine Rolle, ob das Messgerät am Hinleiter oder am Rückleiter angesetzt wird.

5.5.2 Messung der Spannung

Um die Spannung eines Verbrauchers von Gleichstrom zu messen, wird das Messgerät an den beiden Anschlussklemmen des zu messenden Verbrauchers während des Betriebs angebracht. Bei einer Batterie sind das der Plus- und Minuspol. Die Spannung wird dann parallel zum Verbraucher oder zur Spannungsquelle gemessen.

5.5.3 Messung des Widerstandes

Die Messung des Widerstands muss im spannungsfreien Zustand durchgeführt werden. Hierzu werden die Messleitungen am Ein- und Ausgang des zu messenden Elements angesetzt (Abbildung 8).

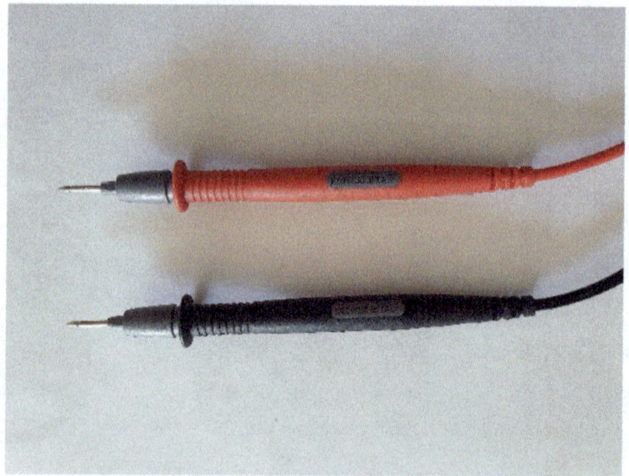

Abbildung 8: Messleitungen des Multimeters

5.5.4 Kategorisierung der Messgeräte

Messgeräte sind je nach Anwendungsbereich in vier unterschiedliche Kategorien eingeteilt. Die Einteilungen sehen wie folgt aus:

Kategorie 1

Diese Kategorie gilt für Messungen, die keine direkte Verbindung zum Stromnetz haben, also beispielsweise bei Geräten mit Batteriebetrieb.

Kategorie 2

Hierbei geht es um Messungen an Stromkreisen, bei denen über einen Stecker eine direkte Verbindung zu einem Niederspannungsnetz besteht. Hierzu gehören auch Geräte, die nicht fest installiert sind und mit 230 Volt Wechselspannung betrieben werden.

Kategorie 3

Diese Gruppe bezieht sich auf Messungen von Geräten und Leitungen innerhalb einer bestehenden Gebäudeinstallation.

Kategorie 4

Dazu gehören Messungen an den Startpunkten einer Niederspannungsinstallation, wie zum Beispiel bei einem Hauptanschluss, einem Zähler oder einem primären Überstromschutz.

Bei dieser Eingruppierung ist noch zu beachten, dass auf den Geräten die jeweils maximale Spannung in der entsprechenden Kategorie angegeben ist. Außerdem müssen gemäß der IEC Norm 61010-1 die Messgeräte, die im Bereich bei Gebäudeinstallationen nach dem Zähler zum Einsatz kommen, den Anforderungen der Kategorie 3 entsprechen. Im Niederspannungsbereich von der Einspeisung bis zum Zähler muss es Kategorie 4 sein.

Die jeweilige Bezeichnung ist in der Bedienungsanleitung zu finden oder sogar aufgedruckt.

5.5.5 Die Unfallverhütung bei Messungen

Und wenn wir schon beim Messen sind, kommen wir doch gleich noch zur Unfallverhütung und was es dabei zu beachten gibt.

Ich gehe davon aus, wir sind uns alle darüber bewusst, dass Wechsel- und Drehstrom im schlimmsten Fall tödlich sein können. Entsprechend ist höchste Vorsicht im Umgang damit – auch beim Messen – angebracht. Sie sollten um sich herum immer so viel Platz haben, dass Sie gegebenenfalls ausweichen können, ohne sich dabei ein Bein zu brechen.

Die Prüfspitzen des Messgeräts können eine sehr hohe Spannung führen, deshalb sollten Sie diese nie während des Messvorgangs berühren.

Achten Sie immer darauf, wo Sie die Spitzen ansetzen, dass Sie damit keine benachbarten Pole verbinden und damit einen Kurzschluss auslösen würden.

Wenn Sie den Messvorgang beendet haben, müssen beide Prüfspitzen von dem zu messenden Gerät getrennt sein.

Schalten Sie das Messgerät nie zwischen den einzelnen Messbereichen um, während es angeschlossen ist, sondern führen Sie diese einzelnen Messungen immer separat durch.

6 Elektrische Anlagen und Betriebsmittel auf Bau- und Montagegestellen: Auswahl und Betrieb

6.1 Energieversorgung

Die Vorgaben hinsichtlich des Anschlusses an das **Energieversorgungsnetz** erfolgen vom Netzbetreiber, die von ihm wiederum anhand des Netzsystems festgelegt werden.

Die Installation des Netzanschlusses und der Messeinrichtungen erfolgt entweder in Anschlussschränken bzw. -verteilerschränken oder in geeigneten Räumen bzw. in ortsfesten Schaltschränken.

Die maximale Länge der Anschlussleitung vor der Messeinrichtung liegt bei 30 m, ihr Querschnitt muss bei mindestens 16 mm^2 liegen. Sie müssen überall dort geschützt verlegt werden (also z. B. hochgelegt oder im Erdreich), wo sie mechanisch beansprucht werden.

Sollen elektrische Verbrauchsmittel an **Steckdosen in einer Gebäudeinstallation** angeschlossen werden, ist ein ergänzender Schutz vorgeschrieben.

Für die **Stromversorgung von Bau- und Montagestellen** gibt es entweder ortsfeste Übergabepunkte (Punkte, an denen elektrische Energie in die elektrische Anlage der Bau- oder Montagestelle eingespeist wird) oder es werden, falls diese fehlen, **Stromerzeuger** für eine stromnetzunabhängige Versorgung eingesetzt. Diese müssen über die nötige Schutzeinrichtung verfügen für den Fall, dass ihre Leistungsgrenze überschritten wird.

6.2 Energieverteilung

Eine elektrische Energieversorgungsanlage einer Bau- und Montagestelle besteht aus den folgenden Elementen:

- Übergabepunkt
- Verbindungsleitungen
- Verteilern
- Schutzeinrichtungen
- Anschlusspunkte

Zulässige Netzsysteme nach dem Übergabepunkt: TN-C, TN-S, IT- und TT-Systeme.

Hinweis: Das TN-C-System darf nur eingesetzt werden, sofern die verwendeten Leitungsquerschnitte mindestens 10 mm^2 Kupfer oder 16 mm^2 Aluminium aufweisen. Beim TN-System sollten für eine sichere Erdverbindung sämtliche Baustromverteiler zusätzlich geerdet werden.

Damit die Abschaltbedingungen eingehalten werden können, müssen im TN-System die Erdverbindungen niedrigohmig sein.

Schutzerdung und Schutzpotentialausgleich

Die elektrische Anlage einer Baustelle muss über einen Anschluss an eine Erdungsanlage verfügen, bei deren Errichtung die Niederohmigkeit des Erderwiderstands nachzuweisen ist. Darüber hinaus sind weitere technische Anschlussbedingungen der Netzbetreiber zu berücksichtigen.

Schutzpotentialausgleich

Der Mindestquerschnitt des Schutzpotentialausgleichsleiters für die Verbindung zur Erdungsschiene muss bei mindestens 6 mm² Kupfer, 50 mm² Stahl oder 16 mm² Aluminium liegen.

Baustellencontainer

Eine Erdungsanlage muss eingerichtet werden bei mindestens zwei nebeneinander sich befindenden Baustellencontainern, sofern wenigstens einer von ihnen elektrisch angeschlossen ist. Der Erder wird üblicherweise mittels des Erdungsleiters mit der Haupterdungsschiene verbunden, von der wiederum ein Schutzpotentialausgleichsleiter mit mindestens 16 mm² Leitungsquerschnitt an einen der Container angeschlossen wird. Die Container müssen miteinander mittels Schutzpotentialausgleichsleiter (mindestens 16 mm² Leitungsquerschnitt) verbunden werden.

Sind speisender Verteiler und Container zu weit voneinander entfernt, um sie über den Schutzpotentialausgleichsleiter direkt zu verbinden, erfolgt der Anschluss der Erdungsleitung am Container.

Baustromverteiler

Diese müssen stets mit einem freien Zugang ausgestattet sein und den Regelungen der VDE 0660-600-4 entsprechen; außerdem müssen sie mindestens die Schutzart IP44 aufweisen. Baustromverteiler, die fest angeschlossen sind, müssen eine Einrichtung zum Trennen der Einspeisung enthalten. Gibt es herstellerseits bereits eine Steckvorrichtung zur Einspeisung der Energie, gelten die o. g. Anforderungen nicht.

Leitungen

Es sind grundsätzlich mehradrige Leitungen der Bauart HH07RN-F als bewegliche Leitungen zu verwenden oder Leitungsbauarten, die mindestens eine gleichwertige Wasserbeständigkeit bzw. eine Beständigkeit gegenüber thermischen und mechanischen Einwirkungen aufweisen. Dort, wo sie mechanisch stark in Anspruch genommen werden, kann man sie geschützt verlegen.

6.3 Welche Maßnahmen vor dem Anschlusspunkt gibt es gegen elektrischen Schlag?

Frequenzgesteuerte Betriebsmittel müssen deutlich gekennzeichnet werden; wegen EMV-Maßnahmen verursachen sie betriebsbedingte Ableitströme, die über den Schutzleiter abfließen. Die ausgewählten Betriebsmittel sollten deshalb möglichst geringe Ableitströme verursachen.

Mehrphasig betriebene elektrische Betriebsmittel mit Frequenzumrichtern (Aufzüge, Krane u. a.) können hochfrequente Wechselfehlerströme oder glatte Gleichfehlerströme erzeugen. Ein Betrieb hinter einer RCD vom Typ A oder F ist deshalb nicht erlaubt.

Schutzmaßnahmen:

- Einsatz von allstromsensitiven RCDs (Typ A oder B+)
- Trenntransformatoren, die lediglich über ein angeschlossenes Verbrauchsmittel verfügen
- Festanschluss

Nieder- und höherfrequente Wechselfehlerströme können bei einphasig betriebenen steckerfertigen elektrischen Betriebsmitteln mit Frequenzumrichter, wie etwa Bohrhämmern, auftreten; hier sind RCDs vom Typ F erforderlich. Bei steckerfertigen Betriebsmitteln mit Phasenschnittsteuerung reicht eine RCD vom Typ A.

Für die Nutzung von **Steckdosen in einer Gebäudeinstallation** braucht es einen ergänzenden Schutz. Eine ortsveränderliche Schutzeinrichtung zur Erhöhung des Schutzpegels nach VDE 0661 (PRCD) ist hierbei eine geeignete Maßnahme. Allerdings darf sie sich nicht einschalten lassen im Falle einer Unterbrechung des Schutzleiters des speisenden Netzes bzw. wenn der Schutzleiter unter Spannung steht; auch muss die Schutzeinrichtung abschalten, wenn es beim Betrieb im speisenden Stromkreis zu einer Unterbrechung des Schutzleiters kommt und wenn Fremdspannung auf dem Schutzleiter auftritt.

Um **Wechselstrom-Steckdosen** zu schützen, ist die Integration einer einphasigen ortsveränderlichen Schutzeinrichtung möglich, allerdings nur in geerdeten Netzen.

Um **Drehstrom-Steckdosen** ergänzend zu schützen, ist die Schaltung einer mehrphasigen ortsveränderlichen Schutzeinrichtung über eine genormte Steckvorrichtung zwischen einem Betriebsmittel und einer Steckdose eine sinnvolle Maßnahme.

Bei einer **geprüften Steckdose ohne RCD** muss in jedem Fall eine RCD hinter der Steckdose eingesetzt werden.

Prüfung

Bevor eine elektrische Anlage entsprechend den in VDE 0100-600 festgelegten Maßnahmen in Betrieb genommen wird bzw. nach jeder Änderung oder Instandsetzung, muss sie in gewissen Zeitabständen (dies richtet sich nach den Festlegungen in der Gefährdungsbeurteilung) von einer Elektronik-Fachkraft geprüft werden.

6.4 Elektrische Betriebsmittel und nichtstationäre elektrische Anlagen

Leitungen

Für bewegliche Leitungen gilt, dass sie der Bauart HH07RN-F entsprechen müssen oder mindestens eine gleichwertige Wasserbeständigkeit bzw. eine Beständigkeit gegenüber thermischen und mechanischen Einwirkungen aufweisen. Dort, wo sie mechanisch sehr stark in Anspruch genommen werden (Tunnelbau), müssen Leitungen einer höherwertigen Bauart verwendet werden. An Stellen, wo die mechanische Beanspruchung hoch ist, kann man die Leitung geschützt verlegen.

Leitungsroller

Sofern Leitungsroller die Anforderungen nach dem Grundsatz GS-ET-35 („Grundsätze für die Prüfung und Zertifizierung von Leitungsrollern für Bau- und Montagestellen") erfüllen, sind sie als geeignet einzustufen.

Schutzverteiler, eine Kombination aus Steckdosen und einer PRCD-S, müssen die folgenden Anforderungen erfüllen:

- Schutzart IP 44
- Es muss eine Schutzisolierung vorhanden sein (Schutzklasse II), gekennzeichnet mit Geräteanschlussleitung der Bauart H07RN-F oder eine mindestens gleichwertige Beständigkeit gegenüber Wasser sowie mechanischen und thermischen Einwirkungen. Die Maximallänge vor der PRCD-S liegt bei zwei Metern.
- Eine ausreichende mechanische und thermische Beständigkeit muss gegeben sein.

Für **Installationsmaterial** (Steckvorrichtungen, Schalter) gilt, dass dieses mindestens die Schutzart IP X4 erfüllt. Das Steckvorrichtungsgehäuse muss isoliert sein und eine ausreichende thermische und mechanische Beständigkeit aufweisen.

Bei **ortsveränderlichen elektrischen Betriebsmitteln** ist bis zu einer Leitungslänge von vier Metern auch die Bauart H05RN-F oder H05BQ-F als Geräteanschlussleitung zulässig. Liegen besondere Umweltbedingungen (Nässe) vor, sind geeignete Maßnahmen zu treffen (z. B. Wetterschutz) oder es müssen die Arbeiten eingestellt werden.

Im Falle von besonderen Betriebsbedingungen (Nassschleifen) sind vor Beginn der Arbeit ergänzende Maßnahmen zu treffen (z. B. Verwendung von Schutztrennung).

Sollten erschwerte mechanische Bedingungen vorliegen, müssen leitungsgebundene Leuchten ihren jeweiligen Produktnormen entsprechen.

- Hinsichtlich der Ausführung der Leuchten gilt mindestens Schutzart IP 44.
- Leuchten sind gemäß ihrer Bauart als Wand-, Boden- oder Deckenleuchten einzusetzen und mittels zugehöriger Aufhängungen bzw. geeigneter Ständer zu befestigen bzw. aufzustellen.
- Sollten erschwerte mechanischen Bedingungen vorliegen, müssen geeignete Leuchten verwendet werden.

Auf Baustellen mit nicht ausreichendem Tageslicht oder unterhalb der Erdgleiche müssen **Beleuchtungsanlagen** errichtet werden, die ständig an den Baufortschritt abgepasst werden müssen. Die Befestigung von Leitungen von Wand- und Deckenleuchten muss in angemessenen Abständen erfolgen.

Für **Handleuchten** gilt:

- Ausführung mindestens in der Schutzart IP55
- Für Bau- und Montagestellen: Handleuchten der Schutzklasse II, bei erhöhter elektrischer Gefährdung: Schutzklasse III
- Handleuchten müssen mit Schutzglas und -korb ausgerüstet, Griff, Körper und äußere Teile müssen isoliert sein.

6.5 Wartung, Instandsetzung und Prüffristen

Auf Bau- und Montagestellen müssen die elektrischen Anlagen nach VDE 0100-600 regelmäßig geprüft werden. Geht von ihnen eine Gefährdung aus, dürfen sie nicht länger betrieben werden. **Wartung und Instandsetzung** dürfen nur von Elektro-Fachkräften vorgenommen werden; anschließend müssen die elektrischen Anlagen erneut geprüft werden.

Prüffristen:

- Jährlich: Stationäre elektrische Anlagen und ortsfeste Betriebsmittel
- Ein Mal monatlich: Schutzmaßnahmen mit RCDs bei nichtstationären Anlagen und Isolationsüberwachungsanlagen
- Drei Monate: Ortsveränderliche elektrische Betriebsmittel, bei besonders hoher Beanspruchung gegebenenfalls wöchentlich oder sogar täglich
- Drei Monate: PRCD-S und mobile Verteiler mit RCDs
- Sichtprüfung vor Benutzung: Ortsveränderliche elektrische Betriebsmittel auf Bau- und Montagestellen

Das Prüfungsergebnis ist zu dokumentieren; gegebenenfalls ist das Betriebsmittel entsprechend zu kennzeichnen (z. B. Plakette oder Banderole).

7 Allgemeine Gefahren des elektrischen Stromflusses

Wenn es zu einem Unfall mit Strom kommt, müssen Sie erstmal ein paar Dinge beachten, damit von dieser Stelle keine Gefahr mehr ausgeht.

- Stellen Sie die Stromzufuhr ab und sichern Sie gegen ein erneutes Einschalten.
- Vergewissern Sie sich, dass kein Strom mehr fließt.
- Erden Sie (gilt nicht für Niederspannungen bis 1000 Volt).
- Decken Sie Teile in unmittelbarer Nähe ab oder machen Sie diese unzugänglich.

7.1 Die einzelnen Gefahrenpunkte

- Gefahrenpunkt Hitze

Bei Stromfluss entsteht Wärme. Wenn die direkte Umgebung nicht gegen die Hitzebildung und -ausbreitung gesichert ist, kann es zu einem Brand kommen.

- Gefahrenpunkt Körper

Wenn Sie einen Stromschlag abbekommen, können davon Ihre Nervengänge beeinträchtigt werden und Muskeln verkrampfen. Eventuell wirkt sich das auch den Herzschlag aus oder Sie können einen Gegenstand in der Hand nicht mehr loslassen. Bei höheren Stromstärken kann es durch die entstehende Hitze im Körper zu inneren Verbrennungen kommen, die die Organe schädigen und sogar lebensgefährlich sein können. Tragen Sie Schutzkleidung!

- Gefahrenpunkt Kollateral-Wirkung

Eventuell ist nicht der Stromschlag an sich die Gefahr, sondern die Reaktion darauf. Beispielsweise wenn Sie durch den Schreck unachtsam zurücktreten, dabei stürzen und sich verletzten. Deshalb ist es wichtig, den Arbeitsraum um eine zu bearbeitende Stromquelle herum freizuhalten.

- Gefahrenpunkt Störlichtbogen

Störlichtbögen sind kleine Blitze, die zum Beispiel beim Ausschalten einer Leuchtstofflampe oder bei Störungen an Leitungen entstehen können. Beim Entfernen von NH-Sicherungen (siehe Abbildung 9) oder beim Einschalten einer Hochspannung können solche Blitze entstehen, die zu Verbrennungen oder durch das sehr grelle Licht sogar zu Sehstörungen führen können.

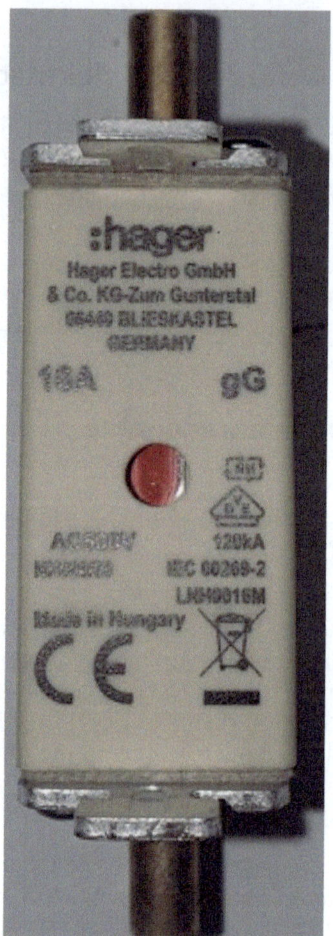

Abbildung 9: NH-Sicherung

7.2 Sicherheitszeichen

Die Bedeutung der Sicherheitszeichen richtet sich jeweils nach ihrer Farbe und ihrer Form.

- Grün:

Quadrat = Gefahrlosigkeit

Horizontales Rechteck = Erste Hilfe

- Blau:

Kreis = Gebot

Horizontales Rechteck = Hinweis

- Gelb:

Dreieck = Vorsicht mögliche Gefahr

- Rot:

Kreis = Halt/Verbot

Quadrat = Brandschutz

7.3 Die Schutzklassen (SK)

Wir unterscheiden zwischen SK1, SK2 und SK3.

SK1 bezeichnet eine 3-adrige Zuleitung mit Schutzleiter PE. Die Zuleitung verfügt über einen Schutzkontaktstecker mit PE-Anschluss. SK2 ist eine 2-adrige Zuleitung, das Gehäuse hat keine Schutzisolierung Zuleitung mit Eurostecker ohne PE-Anschluss. SK3 – hierbei handelt es sich um einen Betrieb mit Transformator an der Zuleitung, der auch direkt an Stecker liegen kann. Das Gerät selbst wird mit einer geringen Spannung betrieben und bildet keine Gefahr.

7.4 Die Schutzart IP (International Protection)

Der zweistellige IP-Code gibt die Schutzklassifizierung eines Gehäuses an. Die erste Stelle kennzeichnet den Schutz gegen das Eindringen von Gegenständen, die zweite Ziffer kennzeichnet den Schutz gegen das Eindringen von Wasser.

1. Ziffer (0 bis 6):

0 = Kein Schutz

1 = Fremdkörper > 50 mm

2 = Fremdkörper > 12,5 mm

3 = Fremdkörper > 2,5 mm

4 = Fremdkörper > 1 mm

5 = staubgeschützt

6 = staubdicht

2. Ziffer (0 bis 8):

0 = kein Schutz

1 bis 8 = Tropfwasser bis ständiges Eintauchen

9 = Hochdruck und hohe Temperatur

Ein Beispiel dafür: IP69 = staubdicht und gegen Hochdruck gesichert

7.5 Teile für Anlagen-, Geräte- und Personenschutz

7.5.1 Schmelzsicherungen

Schmelzsicherungen (siehe Abbildung 10) sind mit einem Draht versehen, der eine bestimmte Stromstärke aushält. Wird dieser Wert überschritten, schmilzt der Draht. Man findet diese Schmelzsicherungen in Verteileranlagen oder elektrischen Geräten.

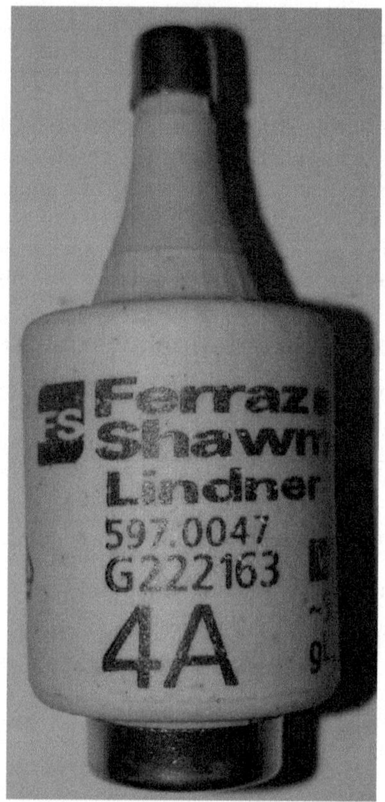

Abbildung 10: Schmelzsicherung D-System

7.5.2 Leitungsschutzhalter

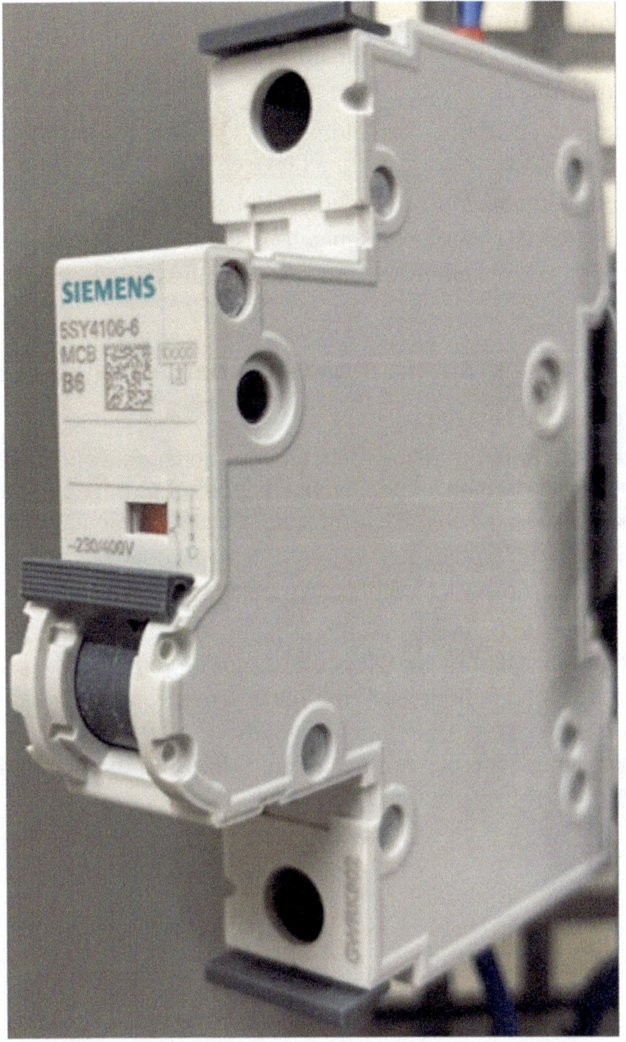

Abbildung 11: Leitungsschutzschalter, Auslösecharakteristik B, Bemessungsstrom 6 A, 1-polige Ausführung

1. Anschluss: Zuleitung
2. Kipphebel zum Ein-/Ausschalten
3. Spannfeder
4. Schaltmechanismus
5. Schaltkontakt

6. Bimetall (Überstromauslöser)
7. Kalibrierschraube zur Nennstromeinstellung
8. Spule (Kurzschlussauslöser)
9. Löschkammer für den Abschaltlichtbogen
10. Anschluss: Ableitung

Beim Leitungsschutzschalter (Abbildung 11) kann der Stromfluss auf drei unterschiedliche Möglichkeiten unterbrochen werden:

- Manuelles Abschalten durch Kippen des Hebels (2)
- Automatisches Abschalten per Bimetall-Auslöser (6)
- Automatisches Abschalten bei einem Kurzschluss per elektromagnetischer Spule (8)

7.6 Arbeiten bei spannungsführenden Installationen

Hierbei sind folgende Fragen relevant:

Sind Elektrofachkräfte mit den Arbeiten betraut oder sind Nichtfachleute zum Beispiel mit Instandsetzungs- oder Hebearbeiten im Einsatz und werden diese durch Elektrofachkräfte oder Elektrotechnisch unterwiesene Personen beaufsichtigt?

Ein weiteres Betrachtungsfeld richtet sich nach der Höhe der Spannung:

- Die Gefahrenzone befindet sich direkt beim stromführenden Teil. Bei einer Niederspannung gilt die Oberfläche des stromführenden Teils als Grenze.
- Der Schutzabstand befindet sich um die Gefahrenzone. Bei Niederspannung sind das 0,5 m.
- Die Annäherungszone beginnt nach dem Schutzabstand beträgt bei Niederspannung einen Meter.

8 Prüfen und Reparieren in der Elektrotechnik

Und jetzt kommen wir zu dem Part, für den all das, was bisher geschrieben wurde, relevant ist: Das Ausführen von elektrotechnischen Arbeiten.

Dabei kümmern wir uns erstmal um Standards und die Basics.

8.1 Vorbereitungen für die anstehenden Arbeiten

Beginnen wir mit den Dingen, die man im Vorfeld beachten sollte.

8.1.1 Die Arbeitskleidung

Wir wissen, dass Metall Strom leitet. Also sollten wir bestmöglich auf metallisches Accessoire, wie Schmuck oder Brillengestelle verzichten, wenn wir mit Strom arbeiten.

Die Kleidung sollte nicht rumflattern, sodass wir damit nicht irgendwo hängenbleiben können.

Und natürlich ist oberstes Gebot, Schutzkleidung zu tragen und Schutzmaßnahmen vorzunehmen.

8.1.2 Absperrung der Baustelle

Sperren Sie den Bereich, in dem Sie arbeiten müssen, so ab, dass Sie in Ruhe arbeiten können und nicht ständig die direkte Umgebung beobachten müssen. Sorgen Sie für einen festen Stand, sodass Sie gegebenenfalls bei einer Gefahr oder riskanten Situation ausweichen können.

8.1.3 Wetter, Wasser, Feuchtigkeit

Das sind alles keine guten Begleiter für die Elektrotechnik. Achten Sie bei Arbeiten im Freien auf eine etwaige Schneehöhe, auf Regen oder auf Feuchtigkeit, die sich auch auf elektrischen Geräten bilden kann. Auch potenzielle Gefahren von außen, zum Beispiel ein plötzlich undichtes Rohr, sollten Sie im Auge behalten. Und bei einem Gewitter sollten Sie Arbeiten im Freien eh bleiben lassen.

8.2 Aufgaben und Arbeiten

8.2.1 Aufgabe 1: Isolieren und Anklemmen

Bereits beim Werkzeug hatte ich auf die unterschiedlichen Möglichkeiten beim Abisolieren hingewiesen. Wenn Sie das jeweils passende Werkzeug einsetzen, kann eigentlich nichts passieren. Sie müssen nur grundsätzlich darauf achten, dass beispielsweise die Ader nicht angekratzt wird, aber genau das passiert nicht, wenn das richtige Werkzeug verwendet wird.

Beim Anklemmen müssen Sie darauf achten, dass tatsächlich nur das abisolierte Teil der Ader angeklemmt wird, aber auch darauf, dass ein blankes Aderteil nicht freiliegt. Kabeleingänge in ein Gehäuse sollen so platziert werden, dass Wasser nicht am Kabel entlang in das Gehäuse einfließen kann.

8.2.2 Aufgabe 2: Dreiadrige Leitungen prüfen

Eventuell werden Sie einmal mit dem Fall konfrontiert, dass eine Leitung fehlerhaft ist, man dies aber auf den ersten Blick nicht sieht. Jetzt gilt es also, diese Leitung zu prüfen. Wenn eine Leitung an irgendeiner Stelle unterbrochen ist, fließt kein Strom oder es ist sogar ein serieller Störlichtbogen zu sehen. Anders gestaltet es sich, wenn sich zwei Adern innerhalb einer Leitung berühren. Das kann einen Kurzschluss erzeugen oder einen parallelen Störlichtbogen.

Zwei Szenarien machen zwei Messmethoden erforderlich, und zwar die Messung des Leiterwiderstands und die Messung des Isolationswiderstands.

Den Leiterwiderstand messen Sie an jeweils einem der Leiter, wie zum Beispiel am grün-gelben Schutzleiter PE. Die Abkürzung dafür ist RPE.

Den Isolationswiderstand messen Sie zwischen zwei Leitern, beispielsweise dem braunen Leiter L und dem Neutralleiter N. Die Abkürzung dafür ist RL-N. Hierbei muss der Widerstand mindestens 2 MW betragen.

Bitte beachten Sie dabei, dass der Leiterwiderstand bei Zuleitungen bis 5 m Länge höchstens R = 0,3 W sein darf.

Hierzu eine Praxisaufgabe:

Verwenden Sie Kroko- oder Abgreifklemmen.

Messen Sie dann zuerst den Widerstand in Ihrer Messleitung als Offset-Wert. Dazu stecken Sie die Messleitungen in das Messgerät und halten die Enden aneinander. Den Wert, den Sie hier bekommen (Offset-Wert), müssen Sie bei den weiteren Messungen immer von dem Wert, der Ihnen dabei angezeigt wird, abziehen.

Für die Messungen können Sie sich eine Prüfliste erstellen, in die Sie dann die gemessenen Werte eintragen. Wenn Sie jetzt diese Werte mit den Grenzwerten vergleichen, werden Sie feststellen, wo Fehler vorliegen und können entscheiden, ob die Leitung verwendet werden kann.

8.2.3 Aufgabe 3: Prüfen eines Schalters

Bevor Sie sich ans Messen machen, steht erst einmal die Sichtprüfung an, um zu klären, ob äußerlich erkennbare Fehler vorliegen.

Wenn nicht, müssen Sie messen und nehmen dazu am besten Ihr Multimeter und Ihren Duspol. Bei einem einpoligen Schalter wird der Kontakt zwischen den Anschlüssen geöffnet oder geschlossen, jeweils abhängig von der Schalterstellung.

Wie üblich sollten Sie vor der Messung zuerst Ihre Geräte auf Funktionsfähigkeit prüfen.

Wenn Sie das geklärt haben, verbinden Sie die Messleitungen mit den Kontakten des Schalters. Dabei wird Ihnen angezeigt, ob ein Durchfluss besteht oder nicht. Am besten führen Sie diese Messung mit beiden Messgeräten durch.

8.2.4 Aufgabe 4: Herstellen einer flexiblen H05VV-F-Leitung

Dazu benötigen Sie natürlich die Leitung, eine Abisolierzange und das Abmantelungswerkzeug sowie Wago-Klemmen. Jetzt gehen Sie wie folgt vor:

Zuerst wird der Mantel der Leitung mit der Abmantelungszange eingeschnitten, sodass der Mantel abgezogen werden kann. Hierbei darf die Isolation der Adern nicht angeschnitten werden.

Weiter geht es, indem Sie mit der Abisolierzange die Isolierung der Adern auf 11 Millimeter abziehen. Bei Bedarf schieben Sie nun Ader-Endhülsen auf die blanken Adern. Dafür verwenden Sie 1,5 mm^2 schwarze Ader-Endhülsen.

Mit der Crimpzange pressen Sie nun die Endhülsen, sodass diese fest an der Ader sitzen.

Sie sind fast fertig, jetzt nur noch die Adern mit den Endhülsen in der Klemme befestigen. Jetzt sind Sie fertig.

8.2.5 Aufgabe 5: Herstellen einer starren NYM-J-Leitung

Auch hier brauchen Sie die Leitung, eine Abisolierzange und das Abmantelungswerkzeug sowie Wago-Klemmen.

Auch bei diesem Vorgang entfernen Sie den Leitungsmantel mit dem Abmantelungswerkzeug sowie die Schicht zwischen den Adern und dem Mantel auf etwa die Länge einer Handbreite.

Dann ebenfalls die Adern abisolieren auf 11 Millimeter und die drei Adern verbinden Sie mit der Wago-Klemme.

8.2.6 Aufgabe 6: Die Aufputz-Installation

Die Aufputz-Installation wird auf der Wand angebracht. Dazu wird die passende Schalter-/Steckdose-Kombination benötigt und eine 5-adrige NYM-J Leitung.

Als erstes wird die Leitung in das Gehäuse eingeführt, und zwar so, dass die Adern etwa 5 Zentimeter über das Gehäuse hinausgehen.

Dann wird der Einsatz mit der Steckdose in die eine Hälfte des Gehäuses provisorisch eingesetzt. Die zwei Leitern braun und blau werden so platziert, dass sie die äußeren Kontakte der Steckdose erreichen. Ebenso wird mit der grün-gelben Ader verfahren, die bis zur mittleren Klemme reichen muss. Gegebenenfalls alle Adern noch auf die richtige Länge schneiden und dann festmachen. Jetzt kann die Steckdose wieder richtig eingesetzt werden.

Als nächstes ist der Schalter an der Reihe. Er wird in den anderen Teil der Kombination aufgesetzt. Die schwarze Ader wird an die L-Klemme geführt und die graue Ader an eine der beiden Ausgangsklemmen. Auch hier die Adern gegebenenfalls auf Länge schneiden und in den Klemmen festmachen. Jetzt kann der Schalter eingesetzt und das gesamte Gehäuse kann festgeschraubt werden. Abschließend wird die Wippe des Schalters noch angebracht.

Falls die Adern wieder demontiert werden sollen, ist es sinnfrei, an ihnen zu zerren. Das wird nicht funktionieren. Dafür ist der Freigabehebel da, der nur tief genug gedrückt werden muss.

8.2.7 Aufgabe 7: Die Unterputz-Installation

Hierfür wird der Schalter- und der Steckdoseneinsatz benötigt, die Wippe für den Schalter, der Rahmen und natürlich die 5-adrige NYM-J Leitung.

Hierbei muss jetzt erst einmal die Leitung in die Unterputzdose eingeführt werden, wobei das Ende der Leitung ein paar Zentimeter über die zweite Dose hinausragen sollte.

Die Leitung dann so weit abmanteln, dass der Mantel noch etwa einen Zentimeter in die erste Dose ragt. In dem einen Teil der Dose werden die braune und die blaue abisolierten Adern an den äußeren Kontakten der Steckdose und die grün-gelbe Ader an der mittleren Klemme angeschlossen.

Jetzt kann der Steckdoseneinsatz eingebracht und mit den Krallen fixiert werden.

Im anderen Teil der Dose kommt die schwarze Ader wieder an die L-Klemme und die graue an eine der beiden Ausgangsklemmen.

Damit kann der Schaltereinsatz endgültig eingesetzt, ausgerichtet und befestigt werden.

Jetzt muss nur noch der Rahmen aufgelegt und mit der Blende der Steckdose festgeschraubt werden. Zum Schluss wird noch die Wippe auf den Schalter gedrückt.

Fertig ist die Installation.

8.2.8 Aufgabe 8: Verdrahten einer Verteilerdose

Die drei starren NYM-J Leitungen werden etwa acht Zentimeter abgemantelt und in die Verteilerdose eingeführt. Der Mantel sollte noch etwa einen Zentimeter in die Dose reinragen.

Die jeweils gleichfarbigen Adern gemeinsam auf die gleiche Länge bringen und parallel von unten in die Dose einführen. Dort werden sie mit einer Wago-Klemme verbunden.

Die Klemmen sollten nebeneinander liegen und sich nicht berühren. Nun kommt der Deckel auf die Verteilerdose und die Schrauben werden mit einer 90° Drehung festgemacht.

8.2.9 Aufgabe 9: Herstellen einer 230-Volt-Verlängerung

Dazu brauchen Sie einen Schutzkontakt-Stecker und eine Schutzkontakt-Kupplung sowie eine drei-adrige H05VV-F Leitung. Die Enden der Adern versehen Sie mit Ader-Endhülsen.

Der braune Leiter L und blaue Neutralleiter N werden mit den Kontakten verbunden. Den grün-gelben Schutzleiter PE klemmen Sie an den mittleren Anschluss. Achten Sie darauf, dass Sie die Zugentlastung nur so fest anziehen, dass die Adern nicht gequetscht werden.

Bevor Sie Ihr Werk jetzt dem geplanten Verwendungszweck aussetzen, messen Sie noch einmal, ob Sie alles richtiggemacht haben.

8.2.10 Aufgabe 10: Prüfen einer 230-Volt-Verlängerung

Die Prüfung einer solchen Leitung besteht aus einer Sichtprüfung und aus Messungen.

Bevor es ans Prüfen geht, muss aber die Leitung vom Stromfluss getrennt sein, damit keine 230 Volt Spannung drauf ist und gefahrlos damit gearbeitet werden kann.

Bei der Sichtprüfung müssen Sie klären, ob irgendwelche Schädigungen am Stecker, am Schalter oder an der Leitung erkennbar sind. Dabei können Sie die Leitung einfach auch einmal durch die Hand ziehen und dabei darauf achten, ob sich etwas seltsam anfühlt.

- Vor dem Messvorgang können Sie noch einmal kontrollieren, ob das Gerät richtig funktioniert. Dazu halten Sie einfach die Messspitzen zueinander und dabei sollte dann der Signalton hörbar sein.
- Jetzt messen Sie die Schutzkontakte zwischen der Kupplung und dem Stecker. Wenn hier ein Durchfluss besteht, ertönt ebenfalls das Signal.
- Im nächsten Schritt prüfen Sie, ob ein Durchfluss zwischen den beiden Kontaktstiften des Steckers und dem Schutzkontakt der Kupplung besteht. Hier darf sich kein Signalton melden.
- Jetzt kommt der Durchfluss zwischen den beiden Kontaktstiften und einem Anschluss der Kupplung an die Reihe. Dabei sollte der Signalton nur einmal zu hören sein. Das gleiche machen Sie jetzt noch mit dem zweiten Anschluss der Kupplung.

Hat alles geklappt? Gratulation, Sie haben eine Leitung erfolgreich geprüft.

9 DIN VDE 0132: Brandbekämpfung im Bereich elektrischer Anlagen

Niemand wünscht sich, dass in seinem Betrieb ein Brand ausbricht. Und doch passiert es noch viel zu oft. Unzählige Ursachen können dazu führen, dass ein Feuer ausbricht. An oder im Bereich elektrischer Anlagen kommt dies häufiger vor. Ein Kabelbrand, der ein Großfeuer auslöst, ist ebenso denkbar, wie menschliches unbeabsichtigtes Fehlverhalten. Hier ist demnach äußerste Vorsicht geboten.

Bei elektrischer Energie entsteht auch immer Wärme. Um Brände zu vermeiden, muss deshalb auch immer darauf geachtet werden, dass in der Nähe einer elektrischen Quelle

- keine entzündlichen oder explosiven Stoffe stehen,
- ein Mindestabstand zu brennbaren Teilen eingehalten wird,
- funktionsfähige CO2-Löschgeräte erreichbar sind.

Im Brandfall muss die elektrische Quelle stromfrei sein. Bei Niederspannungen reicht ein Lösch-Abstand von einem Meter mit einem Sprühstrahl oder fünf Meter mit einem Vollstrahl.

9.1 Größtmöglicher Schutz durch vorbeugende Absicherung

Jedem Betreiber elektrischer Anlagen obliegen zahlreiche Vorkehrungen, damit ein Brand erst gar nicht entstehen kann. Sollte aus unvorhersehbaren Gründen dennoch ein Feuer entstehen, sollten Schutzmaßnahmen dafür sorgen, dass kein Chaos und keine Panik ausbrechen. Neben den zahlreichen Herangehensweisen, festgelegt in der DIN VDE 0132, sollte der Anlagenbetreiber folgende Punkte berücksichtigen:

Der Anlagenbetreiber hat schon im Vorfeld angesichts seiner persönlichen Beurteilung der Gefährdung entsprechende Vorkehrungen und Notfallmaßnahmen im Brandfall zu treffen. Sämtliche wichtige Brandrisiken, die sich aus dem Betrieb der Anlage ergeben können, sind mit höchster Sorgfalt einzuschätzen, damit diese bestenfalls gar nicht erst aufkommen.

- Alle Verantwortlichen für die Brandbekämpfung sind zu benennen und umfassend zu unterweisen.
- Eine ausreichende Anzahl an funktionierenden Feuerlöschern ist, abhängig von Art und Größe der Anlage, bereitzustellen. Diese müssen den richtigen Brandschutzklassen folgen.
- Die betrieblichen Verantwortlichen zur Brandbekämpfung müssen den fachkundigen Umgang mit vorhandenen Löschmitteln beherrschen.

- Eine ausreichende Persönliche Schutzausrüstung (PSA) für das verantwortliche Personal muss griffbereit zur Verfügung stehen.
- Die Lagerung von leicht entzündlichen Gegenständen und Stoffen hat stets so zu erfolgen, dass eine Entzündung nicht möglich ist.
- Gefährliche Bestandteile der Elektrotechnik lassen sich im Brandfall zügig und leicht ausschalten. Die Ausschaltung darf jedoch nur erfolgen, wenn diese Teile nicht an der Brandbekämpfung beteiligt sind und die Ausschaltung keine weiteren Gefahren hervorrufen kann.
- Feuerwehrpläne nach DIN 14095 sollten in jedem Betrieb ausreichend und gut einsehbar vorhanden sein.
- Im Brandfall stimmt sich der Anlagenbetreiber umfassend mit der Feuerwehr ab. Den Anweisungen der Feuerwehr ist unbedingt Folge zu leisten.

Damit aus einem Brand keine Katastrophe wird oder – und das hat höchste Priorität – kein Menschenleben als Folge eines Brandes gefährdet wird, ist die Brandbekämpfung durch verschiedene Vorgaben, Richtlinien und Normen geregelt.

Für die Brandbekämpfung im Bereich elektrischer Anlagen greift die DIN VDE 0132. In einem ersten Schritt sollten alle Anlagenbetreiber und deren Verantwortliche einen Brandfall möglichst verhindern bzw. vermeiden. Für den Fall, dass es dennoch zu einem Brand kommt, werden die wichtigsten Punkte aus der DIN VDE 0132 im Überblick vorgestellt.

9.2 Das A & O in der Brandbekämpfung

Verantwortliche einer elektrischen Anlage und Elektrofachleute sollten sich nicht erst im Brandfall Gedanken hinsichtlich der Herangehensweisen im Brandfall machen. Besser ist es, jederzeit gut auf den Brandfall vorbereitet zu sein. Mit den Vorgaben aus der DIN VDE 0132 gelingt die Vorbereitung perfekt. Die DIN VDE 0132 umfasst sowohl Regelungen zur Brandbekämpfung als auch zur technischen Hilfeleistung im Brandfall im Bereich elektrischer Anlagen. Sie dient zur Unterrichtung von Personen, deren Zuständigkeit in der Bekämpfung von Bränden in elektrischen Anlagen und deren Nähe liegt. Auch Elektrofachkräfte fallen unter diesen Personenkreis. Die Norm umfasst unter anderem Vorgaben zu folgenden Punkten: Die DIN VDE 0132 beschreibt Maßnahmen zur Brandbekämpfung bei elektrischen Anlagen. In der Norm werden Vorgaben zu den nachfolgend genannten Punkten genau definiert:

- Vorbereitende Schutzmaßnahmen gegen Brände in der Elektrotechnik
- Brandbekämpfung nach DIN VDE 0132 an Niederspannungsanlagen
- Löschmittel Wasser
- Brandbekämpfung mit Schaum
- Löschmittel mit Pulver
- Brandbekämpfung mit Kohlendioxid
- Brandbekämpfung in Bürobereichen

- Allgemeine Schutzmaßnahmen
- Spezielle Maßnahmen für Niederspannungs- und Hochspannungsanlagen
- Besondere Schutzmaßnahmen für Anlagen mit starken Magnetfeldern
- Auswahl und Anwendung von Löschmitteln
- Erste Maßnahmen bei Stromunfällen
- Zulässige Annäherungen bei Hoch- und Niederspannungsanlagen
- Technische Hilfeleistung bei besonderen Anlagen

Ergänzend zur DIN VDE 0132 benennt die DIN VDE 0105-100 die Pflicht zur Ergreifung der Maßnahmen wie sie in DIN VDE 0132 beschrieben sind. Die Brandbekämpfung nach DIN VDE 0132 ist also keineswegs freiwillig, sondern vorgeschrieben. Für jeden Betreiber von elektrischen Anlagen gilt die ungeschriebene Pflicht, eine aktuelle Fassung der DIN VDE 0132 an gut einsehbaren Stellen auszuhängen. Spätestens seit dem 1. Juli 2021 (Übergangsfrist) sollten die Verantwortlichen die alte Version in jedem Unternehmen durch die aktuelle Fassung ersetzt haben.

9.3 Vorbereitende Schutzmaßnahmen gegen Brände in der Elektrotechnik

Vorbereitende Schutzmaßnahmen gegen Brände sind:

- Fachgerecht angebrachte Kabelschottungen
- Fachgerechte Ergänzung von Kabelschottungen bei nachträglicher Installation
- Einsatzbereite und leicht zugängliche Löscheinrichtungen
- Prüfung der Feuerlöscher (alle zwei Jahre)
- Freigabeverfahren für Feuerarbeiten wie z. B. Schweißen und Löten

9.4 Die wichtigsten Details der DIN VDE 0132 im Überblick

In der DIN VDE sind vorbereitende Maßnahmen für die Brandbekämpfung aufgeführt. Hierunter fallen sowohl die Aufgaben, Herangehensweisen und Verhaltensweisen des Anlagenbetreibers. Die drei wichtigsten Auflagen im Überblick:

1. Der Anlagenbetreiber hat stets eine wohlwollende Zusammenarbeit mit der Feuerwehr sowie anderen Fachkräften der technischen Hilfeleistung zu gewährleisten.
2. Der Betreiber einer elektrischen Anlage wirkt unterstützend beim Erstellen der Einsatzpläne der Feuerwehr. Er klärt über mögliche Gefahrenpunkte auf, die Löscharbeiten beeinträchtigen oder behindern könnten.
3. Auch über mögliche Clophen Transformatoren sowie andere Maßnahmen bei der Brandbekämpfung hat er die Feuerwehr zu informieren.

9.5 Brandbekämpfung nach DIN VDE 0132 an Niederspannungsanlagen

Falls im Bereich der Brandstelle erhebliche Zerstörungen der Niederspannungsanlagen zu erwarten oder bereits eingetreten sind, sind alle betroffenen Leitungen im Bereich der Brandstelle und Umgebung umgehend spannungsfrei zu machen. Vorrangig gilt das für alle Freileitungen. Eine Berührung mit herabfallenden Leitungen oder leitenden Metallteilen kann lebensgefährlich sein. Daher ist beim Annähern an den Brandort angesichts einer Erkundung oder Rettung ein Mindestabstand von 1 m bis 1.000 V AC (Wechselstrom) oder bis 1.500 V DC (Gleichstrom) einzuhalten.

9.6 Brandbekämpfung an Hochspannungsanlagen

Da die Gefahr, die von Hochspannungsanlagen ausgeht, deutlich höher ist als die Risiken von Niederspannungsanlagen im Brandfall, gelten hier besondere Regelungen. Die wichtigste Vorschrift aus der DIN VDE 0132, die dem Schutz von Menschenleben dient, lautet:

Schalt- und Umspannanlagen sowie alle Hochspannungsanlagen in geschlossenen Räumen dürfen ausschließlich in Gegenwart versierter zuständiger Elektrofachkräfte betreten werden. Das können Anlagenverantwortliche oder Elektrotechnisch unterwiesene Personen sein, die unmittelbar am Einsatz beteiligt sind. Wegen der gefährlich starken Spannung in Hochspannungsanlagen gelten hier höhere Annäherungsabstände als in Niederspannungsanlagen:

Netzspannung	Annäherungsbereich
Über 1 kV bis 110kV	3m
Über 110kV bis 220kV	4m
Über 220kV bis 380kV	5m

Eine der größten Gefahren bilden herabfallende Leitungen. Wer die Umgebung herabfallender Leitungen ohne ausreichend großen Abstand betritt, begibt sich in Lebensgefahr. Daher sehen die DIN VDE 0132 sogar einen Mindestabstand von 20 m vor. Dieser Abstand gilt auch für Metallteile, wie beispielsweise Schienen, Zäune oder Geländer in Brandbereichen von elektrischen Anlagen.

9.7 Der Umgang mit Löschmitteln im Rahmen der DIN VDE 0132

Vor der Brandbekämpfung steht der Brandschutz. In der europäischen Norm DIN EN 2 „Brandklassen“ wird für Brände in Gegenwart elektrischer Spannung keine eigenständige Brandklasse ausgewiesen. Der Anlagenbetreiber hat bereits im Vorfeld eine Gefährdungsbeurteilung erstellen zu lassen und Notfallmaßnahmen für den Brandfall zu treffen.

Verantwortliche für die Brandbekämpfung werden benannt und unterwiesen. Den Verantwortlichen werden ausreichend persönliche Schutzausrüstungen bereitgestellt. Weiterhin sind leicht entzündliche Stoffe und Gegenstände brandsicher zu lagern. Um die Gefährdungen bei der Brandbekämpfung in oder an elektrischen Anlagen gering zu halten, müssen auf der Gebrauchsanleitung des Feuerlöschers die zulässige Spannung und der einzuhaltende Mindestabstand angegeben sein.

Zusätzlich muss eine Brandschutzordnung nach DIN 14096 und ein Alarmplan aufgestellt bzw. aufgehängt werden. Regelmäßige Brandschutzübungen und eine Unterweisung in der Handhabung von Löschmitteln sind unerlässlich für den Brandschutz in elektrischen Anlagen. Der Umgang mit Löschmitteln im Bereich elektrischer Anlagen ist gemäß DIN VDE 0132 ebenfalls streng geregelt. Fehler beim Löschvorgang in Hochspannungsanlagen können verheerende Folgen haben und Menschenleben kosten. So befolgen Fachleute im Brandbekämpfungsfall an Hochspannungsanlagen (auch Niederspannungsanlagen) die Vorgaben gewissenhaft, um das Risiko so gering wie möglich zu halten.

9.8 Löschmittel Wasser

Wasser ist seit jeher ein starker Leiter von Strom. Daher geschieht das Löschen bei unter Spannung stehenden Anlagen nur, wenn erhöhte Mindestabstände eingehalten werden, wie unter den vorbereitenden Maßnahmen beschrieben. Eine erhöhte Gefahr für Einsatzkräfte, die Wasser als Löschmittel verwenden, besteht vor allem dann, wenn eine durchgehende Anbindung zwischen dem Löschwasser, dem unter Spannung stehenden Anlagenteil und der Einsatzkraft besteht. Daher wird ein feiner Sprühstrahl empfohlen.

9.9 Brandbekämpfung mit Schaum

Für die Brandbekämpfung mit Schaum gelten ähnliche Herangehensweisen wie bei der Löschung eines Brandes mit Wasser. Wer einen Brand im Bereich elektrischer Anlagen mit Schaum bekämpfen will, muss zuerst wichtige Vorsichtsmaßnahmen treffen, um sich selbst und andere Personen in der Nähe des Brandortes vor einem elektrischen, vermutlich sogar tödlichen, Stromschlag zu bewahren. Folgende Richtlinien gibt die DIN VDE 0132 bei Niederspannung und Hochspannung vor:

- Bei Niederspannung darf Löschschaum nur in spannungsbefreiten Anlagen eingesetzt werden. Aus Sicherheitsgründen sind vor der Löschaktion zudem alle benachbarten Anlagen spannungsfrei zu halten. Typgeprüfte zugelassene Feuerlöschgeräte für den Einsatz in elektrischen Anlagen sind von dieser Beschränkung ausgenommen.
- Im Falle von Hochspannungsanlagen darf Löschschaum – ohne Ausnahme – nur an spannungsfreien Anlagenteilen eingesetzt werden. Auch benachbarte Anlagenteile müssen spannungsfrei sein.

9.10 Löschmittel mit Pulver

Pulver-Löschmittel finden im Bereich elektrischer Anlagen nur unter bestimmten Bedingungen Verwendung. Gefahr: Löschpulver auf Isolatoren kann unter Einfluss höherer elektrischer Spannungen (wie Hochspannung über 1 kV) leitfähig werden. Dies wiederum hat kurzschlussartige Ströme zur Folge. Diese könnten Menschenleben gefährden oder sogar kosten. An in Brand geratenen Anlagenteilen könnte ein Brand möglicherweise weiter angefacht werden. Daher gilt: Der Einsatz von Löschpulver darf nur mit Zustimmung des Betreibers erfolgen.

9.11 Brandlöschung mit Kohlendioxid

Kohlendioxid ist ein Löschmittel, das im Brandfall gerne an elektrischen Anlagen verwendet wird. Es ist nichtleitend. Zudem hinterlässt es keine Löschrückstände. Dennoch sollten unbedingt die Gefahrenhinweise auf den Löschgeräten beachtet werden. Die Löschvorgänge mit Kohlendioxid unterliegen nämlich einem gefährlichen Paradoxon: *Bei der Verwendung in Außenanlagen verflüchtigt sich Kohlendioxid schnell und verliert damit seine vollständige Wirkung. Bei der Verwendung in engen sowie schlecht belüfteten Innenräumen droht Lebensgefahr.*

9.12 Brandbekämpfung in Bürobereichen

Handfeuerlöscher können lebensrettend sein. Daher sollten diese gut sichtbar und in ausreichender Anzahl an bestimmten Bereichen von Büros platziert sein. Auch die Verwendung von Feuerlöschern sollte zumindest einem Teil der Mitarbeiter, wie beispielsweise dem Brandschutzbeauftragten eines Unternehmens, geläufig sein.

Gemäß DIN VDE 0132 stellen Handfeuerlöscher in Bürobereichen und ähnlichen Räumen keine Gefahr für Laien dar, sofern die nachstehenden Voraussetzungen erfüllt sind:

- Ausschließlich tragbare Handfeuerlöscher gemäß DIN EN 3-1:1996-07 verwenden,
- nur Sprühstrahl aus Sprühstrahldüse,
- ausschließlich normales Leitungswasser ohne jegliche Zusätze und
- 1 m Mindestabstand bei Löschung.

9.13 Maßnahmen nach einem Brandfall in elektrischen Anlagen

Kommt es trotz umfangreicher Brandschutzmaßnahmen zu einem Brand im Bereich elektrischer Anlagen, ist eine enge Zusammenarbeit zwischen Feuerwehr und Anlagenbetreiber notwendig. Geregelt ist die Brandbekämpfung im Bereich elektrischer Anlagen in DIN VDE 0132. Der Anlagenbetreiber hat die Feuerwehr über besondere Gefährdungen und Schwierigkeiten aufzuklären.

Zusätzlich sind elektrische Anlagen außer Betrieb zu nehmen, die in Gefahr stehen durch Löschwasser, Rohrbrüche oder Hochwasser überflutet zu werden. Ist eine Überflutung bereits eingetreten, dürfen die Bereiche erst nach Freigabe wieder betreten werden. Grundsätzlich sollte allerdings so wenig wie möglich abgeschaltet werden. Das gilt insbesondere bei Bränden in elektrischen Anlagen wie Elektrizitätsversorgungsnetzen und dezentralen Stromversorgungsanlagen, sodass die Stromversorgung bestmöglich gewährleistet bleibt.

Im oder nach einem Brandfall gibt es für den Betreiber elektrischer Anlagen weitaus mehr zu tun als durch Normen und Regelungen vorgegeben. Er trägt das Höchstmaß an Verantwortung und sollte dem gewissenhaft nachkommen. Die fünf wichtigsten Punkte, die der Anlagenbetreiber nach einem Brandfall beachten sollte:

1. Ein Zutrittsverbot für Unbefugte zum Brandort oder dessen Umgebung ist verpflichtend.
2. Der Anlagenbetreiber hat für Betriebsmittel und Geräte in der Nähe des betroffenen Bereiches eine Wiederinbetriebnahme zu genehmigen.
3. Erstmaliger Zutritt zur betroffenen Stelle: Vor dem erstmaligen Betreten des Brandortes (ohne Atemschutz) nach der Brandbekämpfung sind die betroffenen Orte ausreichend zu belüften. Nur dann kann gewährleistet werden, dass sich keinerlei giftige oder zersetzende Produkte mehr in den Räumen verteilen.
4. Unter Spannung stehende Anlagenteile sind umgehend und umfassend gegen Berührung zu sichern.
5. Mögliche Pulverbeläge auf Isolatoren müssen unter Einhaltung aller Vorsichtsmaßnahmen beseitigt werden.

9.14 Zulässige Annäherungen bei Hoch- und Niederspannungsanlagen

Die Sicherheitsabstände im Brandfall bei elektrischen Anlagen sind für Hoch- und Niederspannungsanlagen in der DIN VDE 0132 Norm genau definiert.

Niederspannungsanlagen: Der Sicherheitsabstand bei Niederspannungsanlagen beträgt 1 m bei Anlagen bis 1.000 V AC bzw. 1.500 V DC. Die Abstände bei Niederspannungsanlagen beziehen sich auf die Annäherung an Niederspannungs-Anlagenteile, die unter Spannung stehen. Zur Annäherung zählen z. B. das Erkunden oder Retten von Personen im Brandfall. Generell gilt, dass bei einem Brand die Niederspannungsanlagen spannungsfrei geschaltet werden müssen. Herabgefallene Teile bzw. Leitungen dürfen nicht berührt werden.

Hochspannungsanlagen: Bei einem Brand einer Hochspannungsanlage sind folgende Mindestabstände einzuhalten:

- mehr als 1 kV bis 110 kV = 3 m
- mehr als 110 kV bis 220 kV = 4 m
- mehr als 220 kV bis 380 kV = 5 m

Nur in bestimmten Ausnahmefällen erlaubt die DIN VDE 0132 Norm geringere Sicherheitsabstände. Für am Boden liegende Leitungen ist ein Mindestabstand von 20 m einzuhalten. Zusätzlich zum Mindestabstand darf die Hochspannungsanlage einer abgeschlossenen elektrischen Betriebsstätte – auch im Brandfall – nur betreten werden, wenn mindestens eine der folgenden Personen anwesend ist:

- zuständige Elektrofachkraft
- Elektrotechnisch unterwiesene Person
- unmittelbar am Einsatz beteiligte Personen wie z. B. die Feuerwehr

9.15 Technische Hilfeleistung bei besonderen Anlagen

Als besondere elektrische Anlagen gelten zum Beispiel Photovoltaik-Anlagen, Batterieanlagen und Anlagen mit Brennstoffzellen. Für diese besondere elektrischen Anlagen gelten gesonderte Vorschriften der DIN VDE 0132.

Photovoltaik-Anlagen: Alle Anlagen müssen die erforderlichen Sicherheitsabstände erfüllen und der Anlagenbetreiber hat auf mögliche Restspannung zu achten.

Batterieanlagen: Auch unter Last dürfen sich keine Sicherungen ziehen lassen. Kabel und Leitungen dürfen nicht getrennt werden.

Lithium-Ionen-Akkumulatoren: Im Brandfall dürfen nur die Einsatzkräfte den Gefahrenbereich betreten. In den Lagerstätten müssen Maßnahmen zur Löschwasserrückhaltung vorhanden sein. Klima- und Lüftungsanlagen dürfen den Rauch nicht im Gebäude verteilen. Außerdem müssen die erforderlichen Mindestabstände eingehalten werden.

Anlagen mit Brennstoffzellen: Bei Anlagen mit Brennstoffzellen muss die Brennstoffzufuhr unterbrochen werden, der Notschalter ausgelöst werden und es ist sicherzustellen, dass kein restlicher Brennstoff vorhanden ist.

Stromerzeugungsaggregate: Der Notschalter ist zu betätigen, der Stromerzeuger auszuschalten und die Brennstoffzufuhr zu unterbrechen. Eventuelle Spannung, die bis zum Stillstand aufkommen können, sind zu berücksichtigen.

9.16 Ausschluss der Geltung der DIN VDE 0132

Zum sicheren Betrieb einer elektrischen Anlage müssen Maßnahmen zum Brandschutz sowie zur Brandbekämpfung durch den Anlagenbetreiber geschaffen werden. Das ist in Abschnitt 4.1.111 „Brandschutz und Brandbekämpfung" der DIN VDE 0105-100:2015-10 „Betrieb von elektrischen Anlagen – Teil 100: Allgemeine Festlegungen" festgelegt. In diesem Abschnitt wird unmittelbar auf die DIN VDE 0132 sowie die DIN VDE 0105-100 im informativen Abschnitt B.4 verwiesen.

Die DIN VDE 0132 gilt nicht in folgenden drei Anwendungsbereichen:

1. Für die Errichtung sowie den Betrieb ortsfester Löschanlagen,
2. für Anlagen zur Beregnung, Wasserwerfer und ähnlichen Löschmaßnahmen,
3. für spezielle Löschmaßnahmen, wie z. B. die Flutung von Kabelkanälen mit Wasser oder Löschschaum.

Für elektrische Anlagen mit einer Nennspannung bis 50 V Wechselspannung (AC) oder bis 120 V Gleichspannung (DC) gelten die in der DIN VDE 0132 angegebenen Werte für Mindestabstände für Annäherung und Löschmitteleinsatz ebenfalls nicht.

9.17 Zusammenfassung

Verantwortungsbewusste Betreiber von elektrischen Anlagen sind sich der erhöhten Gefahr, die sich aus dem Betrieb ergeben, stets bewusst. Da sie jedoch eine große Anzahl anderer Aufgaben, wie dem betriebswirtschaftlichen und verwaltungstechnischen Teil, zu bewältigen haben, ist niemand vor kleinen Unachtsamkeiten geschützt. Daher wird empfohlen, sich in regelmäßigen Abständen intensiv mit den Vorgaben der DIN VDE 0132 zu befassen und den möglichen Brandfall mit den verantwortlichen Mitarbeitern zu besprechen. Denn im Brandfall gilt es, Ruhe zu bewahren. Das gelingt nur mit einer verantwortungsvollen Vorbereitung auf ein Ereignis, das hoffentlich nie eintrifft. Zum einen dient diese Vorgehensweise der Rettung von Menschenleben. Zum anderen bleibt so der Versicherungsschutz in möglichst vollem Umfang erhalten.

10 Erste-Hilfe-Maßnahmen bei Stromunfällen

In diesem Kapitel wird erläutert, wie elektrischer Strom auf den Körper wirkt, ab wann er gefährlich wird und welche Reaktionen im menschlichen Körper auftreten, wenn ein nicht körpereigener Strom (Fremdstrom) durch den Körper fließt. Außerdem werden die Erste-Hilfe-Maßnahmen bei einem Stromunfall und die korrekte Vorgehensweise bei solchen Unfällen erläutert.

Um gar nicht erst in eine solche Situation zu geraten, sind zusammengefasst noch einmal folgende Rahmenbedingungen zu schaffen, die Ihnen die nötige Sicherheit bei Arbeiten mit Strom bieten:

• Werkzeug

Es muss das jeweils für die einzelnen Arbeitsschritte passende Werkzeug vorhanden und einsetzbar sein.

• Mitarbeiter

Die zuständigen Mitarbeiter müssen gemäß Einweisung, Ausbildung und Erfahrung über das erforderliche Knowhow verfügen, um etwaige Gefahren zu erkennen und die Arbeiten gefahrenfrei ausführen zu können.

• Schutzmaßnahmen

Sind wesentlicher Bestandteil des Arbeitsbereiches und müssen auf die Ergebnisse der Gefährdungseinschätzung und der jeweiligen Richtlinien ausgerichtet sein.

• Die Organisation im Betrieb

Brandschutz- und Sicherheitsbeauftragte sorgen an den richtigen Stellen für die nötige und zielgerichtete Kommunikation.

Dennoch ist es elementar wichtig, die grundlegenden Kenntnisse der Ersthilfe zu haben. Daher geht es hier um etwas, was jeder von uns verinnerlicht haben sollte: Erste-Hilfe-Maßnahmen. Allerdings kann ich dieses Thema hier nur anreißen und beschränke ich mich auf den stromrelevanten Bereich.

In jedem Fall sollte man sich ärztlich untersuchen lassen, wenn man mit Strom in Berührung kam, damit der Arzt sicherstellen kann, dass es keine latenten Schädigungen gibt.

10.1 Nahezu alle menschlichen Organe funktionieren mit elektrischen Impulsen

Strom ist gefährlich! Bereits im Kindesalter werden wir von unseren Eltern gewarnt die Finger nicht in eine Steckdose zu stecken und das vollkommen zu Recht. Im Alltag nehmen viele Menschen die Gefahr, die von Strom ausgeht, allerdings nicht mehr ganz so genau. Leuchtmittel werden ausgetauscht und defekte Leitungen mit Lüsterklemmen repariert. Im beruflichen Bereich der Elektrotechnik undenkbar!

Um zu verstehen, warum ein nicht körpereigener Strom (Fremdstrom) für den menschlichen Körper gefährlich werden kann, muss man sich zunächst die Funktionsweise von ebendiesem vor Augen führen.

Nahezu alle Organe im menschlichen Körper funktionieren mit elektrischen Impulsen. Diese gehen vom Gehirn aus und steuern unsere Bewegungen und Organe über das Nervensystem. Mit verschiedenen medizinischen Geräten, zum Beispiel dem Elektrokardiogramm (EKG), können diese elektrischen Impulse gemessen und Unregelmäßigkeiten festgestellt werden.

10.2 Fremdstrom im menschlichen Körper

Fließt ein Fremdstrom durch den Körper, dann werden die körpereigenen elektrischen Impulse überlagert. In Abhängigkeit von Stromhöhe, Stromart (Gleichstrom (DC), Wechselstrom (AC)), Einwirkdauer und den Weg, auf dem der Strom durch den Köper fließt, können sich unterschiedliche Auswirkungen auf den Organismus ergeben.

Diese Auswirkungen reichen vom Verkrampfen der Muskeln und dem Nicht-Mehr-Loslassen-Können des spannungführenden Teils über Herzrhythmusstörungen und Herzkammerflimmern bis hin zur chemischen Zersetzung des Bluts.

Ab einer Stromstärke von 50 mA besteht Lebensgefahr!

Hieraus ergeben sich die nachfolgenden Spannungswerte, ab denen Lebensgefahr für Menschen und Tiere besteht:

- Wechselspannungen über 50 V (Lebensgefahr für Menschen, 25 V für Tiere)
- Gleichspannungen über 120 V (Lebensgefahr für Menschen, 60 V für Tiere)
- Wechselstromfrequenz von 50 Hz (Stellt ein höheres Risiko als Gleichstrom dar, da es hierbei bereits zu Herzkammerflimmern kommen kann.)

Daher gilt für alle Menschen, die berufsbedingt oder privat an Stromquellen arbeiten, folgender Leitsatz:

„Wegen der hohen Unfallgefahr ist das Arbeiten an unter Spannung stehenden Teilen verboten.“

Der gewissenhafte und sachgemäße Umgang mit Strom ist eine grundlegende Voraussetzung dafür, um Elektrounfälle oder einen Stromunfall zu verhindern.

10.3 Stromschlag: Wann Sie zum Arzt müssen

Ab wann ein Stromunfall gefährlich wird, hängt wie beschrieben von verschiedenen Faktoren ab. Es kommt darauf an, welchen Weg der Strom durch den Körper nimmt. Auch die Stromart, die Einwirkdauer des Stroms auf den Körper und natürlich die Stromstärke selbst sind entscheidend.

Wann Sie zum Arzt müssen, ist einfach zu beantworten – auch wenn es in der Praxis oft nicht so gelebt wird:

Nach jedem „Schlag", welcher über das bekannte Zucken an den Fingerkuppen hinausgeht, muss ein Durchgangsarzt aufgesucht werden!

Herzrhythmusstörungen können auch mit Verspätung oder über Nacht auftreten. Wer direkt nach dem Stromschlag kurz ohnmächtig wurde oder sogar durch den Stromschlag stürzte (z. B. Sturz von der Leiter bei Handwerkerarbeiten), Luftnot, Herzrasen oder sonstige Symptome verspürte, sollte die Rufnummer 112 mit dem Hinweis wählen, dass ein Elektrounfall vorliegt.

10.4 Stromunfall: Was im Unglücksfall zu tun ist

Allen Vorsichtsmaßnahmen und Empfehlungen zum Trotz, sind Elektrounfälle mit lebensgefährlichen Verletzungen oder Todesfolge häufiger als viele Menschen annehmen. Eine Statistik der BG ETEM (Berufsgenossenschaft Energie Textil Elektro Medienerzeugnisse) fasst die Unfälle mit nachstehenden Zahlen des Jahres 2020 aus deren Unfallregister vom 10.02.2021 zusammen:

Gemeldete Spannungsunfälle	3.574
Meldepflichtige Spannungsunfälle	605
Tödliche Stromunfälle	3

Drei tödliche Elektrounfälle pro Jahr sind drei zu viel! Tödliche Elektrounfälle sollten durch das Verschärfen von Vorsichtsmaßnahmen gänzlich ausgeschlossen werden. Die hohe Zahl aller gemeldeten Stromunfälle bezeugt einmal mehr, dass noch nicht alle Menschen die Risiken durch Strom richtig einzuschätzen wissen. Letztendlich kann es jedoch auch ohne eigenes Fehlverhalten zu einem Stromunfall kommen.

Woraus auch immer die Elektrounfälle resultieren: Ist es passiert, kann Erste Hilfe das Leben eines Verletzten retten.

Zunächst einmal sind bei Stromunfällen immer die folgenden Punkte einzuhalten:

- Grundsätzlich muss eine Gefährdung des Helfers vermieden werden. Wenn möglich sollte der Stromlauf unterbrochen werden, gegebenenfalls mit einem nichtleitenden Gegenstand die Leitung entfernen, beispielsweise einer Holzlatte oder einem Besenstil.
- Prüfen Sie, ob der Verletzte ansprechbar ist und wie der erste Eindruck ist. Spüren Sie seinen Puls und kontrollieren Sie seine Atmung. Wählen Sie in jedem Fall den Notruf 112. Bleiben Sie beim Verletzten, bis der Arzt eintrifft
- Wenn der Verletzte nicht ansprechbar ist, die Atmung aber funktioniert, bringen Sie ihn in die stabile Seitenlage.
- Falls weder Puls noch Atmung spürbar sind, starten Sie Wiederbelebungsmaßnahmen und verwenden Sie wenn möglich einen Defibrillator.

10.5 Erste Hilfe bei Stromunfällen in neun Schritten

1 Die Erste Hilfe sollte möglichst schnell durch den Ersthelfer erfolgen. Wenn mit einer erhöhten Gefahr von Stromunfällen zu rechnen ist, sollte der Ersthelfer auch EuP mit besonderer Belehrung in Herz-Lungen-Wiederbelebung sein. Der Verletzte könnte noch unter Stromeinfluss stehen. Deshalb ist die eigene Sicherheit zu beachten. Der Ersthelfer darf keinesfalls in den Stromkreis gelangen.

2 Zuerst ist der durch den Menschen gleitende Stromfluss zu unterbrechen. Denn dieser kann bis zu 1000 Volt betragen. Hier gilt es, möglichst schnell den Netzstecker zu ziehen oder – noch besser – die Sicherungen ausschalten. Dabei sollten ggf. Schutzhandschuhe angezogen werden.

3 Kann der Stromkreis durch diese Maßnahmen nicht unterbrochen werden, ist der Verletzte durch einen isolierten Gegenstand, der ihn von den leitenden Teilen trennt, umgehend aus seiner misslichen Lage zu befreien. Das heißt, der Betroffene sollte mit nichtleitenden Hilfsmitteln (Decke, Holzstiel) von der Stromquelle weggezogen werden.

4 In einem nächsten Schritt ist der Notruf über die Rufnummer 112 zu kontaktieren.

5 Der Betroffene sollte – wenn möglich – angesprochen, beruhigt und getröstet werden.

6 Ist der Betroffene bei Bewusstsein, können Brandwunden ggf. keimfrei bedeckt werden.

7 Ist der Betroffene bewusstlos, sollte – wenn Atmung und Puls nach dem Stromschlag vorhanden sind – die stabile Seitenlage eingenommen werden.

8 Ist der Betroffene bewusstlos, atmet aber nicht mehr, muss eine Herz-Lungen-Wiederbelebung durchgeführt werden. Falls ein solcher vorhanden ist, sollte hierfür der AED verwendet werden.

9 Alle Wiederbelebungsmaßnahmen sind möglichst so lange vorzunehmen, bis der Puls und die Atmung wieder einsetzen oder der Notarzt vor Ort eintrifft.

Merksatz für Ersthelfer: In einer Hochspannungsanlage ist es ausschließlich Elektrofachkräften gestattet, den Stromkreis zu unterbrechen und wieder zu zuschalten. Maßnahmen bei Spannungen über 1 kV (Hochspannung):

- Notruf: Hochspannungsunfall
- Rettungsmaßnahmen einleiten (z. B. Schalthandlungen)
- Diese dürfen nur durch Fachpersonal (Schaltberechtigte) durchgeführt werden!
- Erste-Hilfe-Maßnahmen wie bei Spannungen bis 1000 V
- Achtung: Annäherung nur bis 5 m!

10.6 Die 5 W-Fragen können Leben retten

Bei einem Unfall mit Strom sind Erste-Hilfe-Maßnahmen von größter Dringlichkeit. Ob Herzkammerflimmern, Herzstillsand oder Verbrennungen: Jetzt zählt jede Minute. An erster Stelle steht die eigene Sicherheit! Dann werden in einem zweiten Schritt der Notruf gewählt und die 5 W-Fragen beantwortet. Erst im dritten Schritt sollte die medizinische Erstversorgung durchgeführt werden.

Das soll zusammengefasst noch einmal nachfolgend dargestellt werden:

10.6.1 Schritt 1: Die Eigensicherung bei Niederspannung und Hochspannung

Bei einem Stromunfall mit Niederspannung muss zuerst der Strom durch Ausschalten, Ziehen des Steckers oder Herausnahme der Sicherung unterbrochen werden. Dieser Schritt ist noch vor den lebensrettenden Maßnahmen durchzuführen. Bei einem Stromunfall mit Hochspannung sind zuerst der Notruf zu veranlassen und das Fachpersonal zu benachrichtigen. Erste Hilfe kann erst geleistet werden, wenn die Freigabe durch das Fachpersonal gegeben wurde. Das Fachpersonal hat den Stromkreis abzuschalten, muss die Sicherung gegen Wiedereinschalten und Feststellung der Spannungsfreiheit sicherzustellen. Alle Maßnahmen nach einem Unfall mit Hochspannung dürfen nur von Elektrofachkräften ausgeführt werden. Das Einschreiten einer EuP ist nicht zugelassen.

10.6.2 Schritt 2: Die 5 W-Fragen

- Wo geschah es?
- Was ist passiert?
- Wie viele Personen sind betroffen?
- Welche Verletzungen liegen vor?
- Warten auf Rückfragen!

10.6.3 Schritt 3: Die medizinische Erstversorgung

Zur Rettung aus dem Gefahrenbereich wird der Rettungsgriff angewendet, der im Erste-Hilfe-Kurs gelehrt wird. Nach der Rettung aus dem Gefahrenbereich und unter Beachtung der eigenen Sicherheit beginnt man bei Feststellung des Atemstillstandes und/oder Fehlen der Kreislaufzeichen mit der Herz-Lungen-Wiederbelebung.

10.7 Bewusstseinslage prüfen und Atemkontrolle

Nach der Rettung aus dem Gefahrenbereich muss die Bewusstseinslage geprüft und eine Atemkontrolle durchgeführt werden.

Zur Überprüfung der Bewusstseinslage wird der Betroffene laut und deutlich angesprochen. Reagiert dieser nicht, sollte leicht an dessen Schulter gerüttelt werden. Ist immer noch keine Reaktion feststellbar, muss die Kopfhaltung überprüft werden. Der Kopf wird leicht nach hinten überstreckt, ggf. müssen Gegenstände aus dem Mund entfernt und die Atemwege freigemacht werden. Jetzt muss noch einmal überprüft werden, ob die Atmung wieder zu sehen, zu hören oder zu fühlen ist. Atmet der Betroffene dann, kann er in die stabile Seitenlage gebracht werden.

Ist weiterhin keine Atmung festzustellen, muss umgehend die Herzdruckmassage beginnen. Im Wechsel erfolgen 30-mal die Herzdruckmassage und 2-mal die Beatmung.

In der Regel treffen nach diesen Maßnahmen die Rettungskräfte ein, die dann alles Weitere übernehmen.

10.8 Gesetzliche Regelungen zu Erste-Hilfe-Maßnahmen in Unternehmen

Wie im Ernstfall zu handeln ist, richtet sich nach § 26 der Unfallverhütungsvorschrift „Grundsätze der Prävention" (DGUV Vorschrift 1). In Betrieben mit bis zu 20 Beschäftigten muss mindestens eine Person als ausgebildeter Ersthelfer beschäftigt sein. In Betrieben mit mehr als 20 Beschäftigten muss mindestens jeder zehnte Beschäftigte ein ausgebildeter Ersthelfer sein. Die Ausbildung zum Ersthelfer muss in regelmäßigen Abständen aufgefrischt werden. Zusätzlich ist ausreichend Verbandsmaterial vorzuhalten. Jeder Betrieb hat mindestens einen Verbandskasten nach DIN 13157 bereitzuhalten. Erste-Hilfe-Leistungen müssen aufgezeichnet und die entsprechende Dokumentation mindestens fünf Jahre lang aufbewahrt werden.

10.9 Zusammenfassung

Elektrounfälle passieren täglich. Daher sollten sich möglichst viele Menschen mit den lebensrettenden Maßnahmen nach einem Stromunfall vertraut machen. Am Unfallort eingetroffen, sollten sich Ersthelfer zunächst selbst schützen, indem sie Verletzte nur berühren, nachdem der Stromkreis unterbrochen ist. Sonst besteht die gleiche Verletzungsgefahr auch für helfende Personen. Die hohen Zahlen an Elektrounfällen pro Jahr machen deutlich, dass diese nur durch erhöhte Achtsamkeit im Umgang mit der lebensspendenden, aber auch unfallträchtigen Stromenergie verringert werden können. Schadhafte elektrische Geräte, beschädigte (z. B. offengelegte) Stromkabel oder unsachgemäße Arbeiten bei hoher Stromspannung verursachen die meisten Elektrounfälle. Die Auswirkungen von Strom auf den Menschen verdeutlichen die gefährlichen Reaktionen, die ein Stromunfall in unserem Körper verursacht.

Anhang 1: Fragen zum Erstellen einer Gefährdungsbeurteilung

Folgende Fragen helfen Ihnen beim Erstellen einer Gefährdungsbeurteilung:

- Wurden die Arbeitsmittel den Betriebsbedingungen und den äußeren Einwirkungen entsprechend ausgewählt? Sind u. a. die IP-Schutzart und der mechanische Schutz korrekt ausgewählt?
- Verwenden die Beschäftigten die elektrischen Arbeitsmittel immer bestimmungsgemäß?
- Ist der Basisschutz vorhanden und ausreichend? Basisschutz ist der Schutz gegen direktes Berühren. Zur Sicherheit tragen bei: Isolierung, Abdeckung und sicherer Abstand.
- Ist der Fehlerschutz durchgeführt und wirksam? Fehlerschutz ist der Schutz bei indirektem Berühren. Dieser kann gewährleistet werden durch Schutz durch Abschaltung oder Meldung bzw. Schutzisolierung.
- Ist der Zusatzschutz (wenn erforderlich) vorhanden und wirksam? Zusatzschutz ist eine Ergänzung der Schutzmaßnahmen gegen direktes Berühren bei Basis- und Fehlerschutzversagen. Schutz wird gewährleistet u.a. durch Fehlerstromschutzeinrichtung (RCD) $I\Delta N \leq 30$ mA.
- Ist der geforderte Schutz bei erhöhter elektrischer Gefährdung vorhanden und wirksam? Geeignet sind Kleinspannung mittels SELV oder PELV, Schutztrennung und Fehlerstromschutzeinrichtung (RCD) mit $I\Delta N \leq 30$ mA.
- Ist sichergestellt, dass die Arbeiten an aktiven Teilen erst nach erfolgreichem Herstellen des spannungsfreien Zustands durchgeführt werden (z.B. durch Freischalten, gegen Wiedereinschalten sichern, Spannungsfreiheit feststellen und kurzschließen sowie benachbarte, unter Spannung stehende Teile abdecken oder abschranken)?
- Manchmal ist das Herstellen eines spannungsfreien Zustands bei Arbeiten an aktiven Teilen nicht möglich. Werden dann sichere Verfahren z.B. nach TRBS 2131-1, DIN VDE 0105-100 Abschnitt 6.3 durchgeführt?
- Sollte in der Nähe von unter Spannung stehenden Anlagen gearbeitet werden, so müssen die festgelegten Sicherheitsabstände eingehalten werden. Ist dies gewährleistet?
- Wird doch in der Nähe aktiver Teile gearbeitet (Sicherheitsabstände nicht einhaltbar), so ist eine der folgenden Maßnahmen anzuwenden: Sicherstellung des spannungsfreien Zustands oder Schutz gegen zufälliges Berühren durch isolierte Umhüllung, Kapselung, Abdeckung oder sonstige Schutzeinrichtung.
- Werden im Rahmen von Bau- und Montagearbeiten bei der Bereitstellung und Benutzung von elektrischen Arbeitsmitteln die besonderen Umgebungs-

bedingungen berücksichtigt? Beispiele: Schalt- und Verteileranlagen, Leitungsroller, handgeführte Elektrowerkzeuge, Leuchten.

- Werden im Rahmen von Bau- und Montagearbeiten zur Versorgung elektrischer Anlagen und Betriebsmittel nur Stromkreise benutzt, die durch Schaltgeräte freigeschaltet werden können?
- Werden im Rahmen von Bau- und Montagearbeiten Arbeitsmittel nur an zugeordnete Speisepunkte angeschlossen, wie z. B. Baustromverteiler, Ersatzstromerzeuger oder Transformatoren mit getrennten Wicklungen?
- Werden im Rahmen von Bau- und Montagearbeiten nur bewegliche Gummischlauchleitungen mit der Bezeichnung H07RN-F oder mindestens gleichwertiger Bauart verwendet? Handgeführte elektrische Arbeitsmittel mit Anschlussleitung bis 4 m dürfen auch mit Schlauchleitungen des Typs H05RN betrieben werden. Auch diese sind Gummischlauchleitungen.

Anhang 2: Betriebsanweisung für die EuP

Betriebsanweisung

Nummer:
Datum:
Verantwortlich:
Arbeitsplatz/Tätigkeitsbereich:

EuP

1. Anwendungsbereich

Tätigkeiten der EUP (elektrotechnische unterwiesene Person)

2. Gefahren für Mensch und Umwelt

Insbesondere in älteren Anlagen sind nicht alle unter Spannung stehenden Teile berührungssicher abgedeckt. Beim Berühren unter Spannung stehender Teile kann es zu Körperdurchströmungen kommen. Die Auswirkungen können tödlich sein. Beim Überbrücken unter Spannung stehender Teile können Lichtbögen eingeleitet werden. Diese können zu erheblichen Brandverletzungen führen.

3. Schutzmaßnahmen und Verhaltensregeln

Arbeitsablauf und Sicherheitsmaßnahmen
Allgemeines:
Sicherheit am Arbeitsplatz gewährleisten: Auf ausreichende Beleuchtung, Bewegungsfreiheit sowie Standsicherheit achten und Fluchtwege freihalten. Anschließend Durchführung der Arbeiten gemäß der folgenden Arbeitsschritte.
Die Tätigkeit muss in einem abgeschlossenen elektrischen Betriebsraum durchgeführt werden, daher gilt die Arbeitsanweisung „Betreten abgeschlossener elektrische Betriebsstätten". Vor der Ausführung der Tätigkeit hat sich der Ausführende über den unterweisungsgemäßen Zustand der Anlage zu informieren.
Abschluss der Arbeiten
Überprüfen des ordnungsgemäßen und sicheren Anlagezustands: Räumen der Arbeitsstelle (keine Werkzeuge oder Hilfsmittel liegen lassen). Schaltraum verlassen und Türe verschließen.

4. Verhalten bei Störungen

Finden Mitarbeiter vor Ort einen Zustand vor, der nicht von ihnen eindeutig zu überschauen ist, muss unverzüglich die Leitung und Aufsicht ausübende Elektrofachkraft hinzugezogen werden.

5. Erste Hilfe

Ausreichend viele Mitarbeiter im Unternehmen sollten in Erster Hilfe (inklusive Herz-Lungen- Wiederbelebung) sowie zu Verhaltensregeln und Maßnahmen bei elektrischen Unfällen ausgebildet sein (Anlage spannungsfrei schalten, Verletzte bergen, Unfallstelle sichern, Notruf absetzen und Erste Hilfe leisten), damit im Notfall die Rettungskette unverzüglich eingeleitet werden kann. Notruf über die Rufnummer xxx absetzen

6. Instandhaltung und Reinigung

Nur durch Fachpersonal, Hersteller oder Instandhaltungspersonal

Freigabedatum:
Nächster Überprüfungstermin dieser Betriebsanweisung:

Unterschrift:
Geschäftsleitung/Vorgesetzte Person

Anhang 3: Elektrische Zeichen, Einheiten und Beschreibungen

- Strom I = Einheit Ampere (A) = sich bewegende Elektronen im elektrischen Leiter
- Widerstand R = Einheit Ohm (Ω) = Spannung in einem Stromkreis, die durch den Leiter entsteht
- Leitwert G = Einheit Siemens (S) = Kehrwert des Widerstands (G = 1:R)
- Spannung U = Einheit Volt (V) = Potenzialunterschied zwischen zwei Polen
- Leistung P = Einheit Watt (W) = Wert aus Strom und Spannung
- Arbeit W = Einheit Wattsekunde (Ws) = Wert aus Leistung und Zeit
- Kapazität C = Einheit Farad (F) = Menge der Speicherung der elektrischen Ladung
- Induktivität L = Einheit Henry (H) = Elektromagnetische Eigenschaft einer Spule
- Wirkungsgrad η (Eta) = Abgegebene Leistung geteilt durch die aufgenommene Leistung
- Phasenverschiebung φ (Phi) = Einheit Grad (°) = Winkel zwischen Wirk- und Scheinanteil

Anhang 4: Betriebsanweisung für Schaltschränke

	BETRIEBSANWEISUNG Instandhaltungsarbeiten an Schaltschränken Klimazentrale	Datum: 08.02.2022 Unterschrift Verantwortlicher

ANWENDUNGSBEREICH

Diese Betriebsanweisung gilt für Elektrofachkräfte die mit

Arbeiten und Bedienen an elektrischen Schaltschränken der Klimazentrale

beauftragt sind.

GEFAHREN FÜR MENSCH UND UMWELT

- Gefahr des Berührens aktiver Teile und damit verbundener Körperdurchströmung
- Gefahr des Auslösens eines Lichtbogens
- Gefahr des Berührens aktiver Teile und damit verbundenen Schreckreaktionen

SCHUTZMASSNAHMEN UND VERHALTENSREGELN

- Das Bedienen, gelegentliches Handhaben und Arbeiten an oder in den Schaltschränken ist nur unterwiesenem Fachpersonal gestattet.
- Das Öffnen der Schaltschränke ist nur unterwiesenem Fachpersonal gestattet.
- Nach Öffnen der Schaltschränke und/oder des Bedientableaus ist darauf zu achten, dass der **Berührungsschutz nur eingeschränkt** vorhanden ist.
- Temporär müssen Spannungsführende Teile abgedeckt werden.
  Es ist geeignetes VDE Abdeckmaterial u.a. nach DIN VDE 0105 und DIN VDE 680 zu verwenden.
- Es ist zu gewährleisten, dass nur für den Einsatzzweck geprüfte Werkzeuge und Hilfsmittel verwendet und benutzt werden. Fehlerhaftes Werkzeug und Hilfsmittel sind sicher der Benutzung zu entziehen.
- Beim Arbeiten ist darüber hinaus zu beachten:
  - **Die 5 Sicherheitsregeln sind zu beachten!**
  - Persönliche Schutzausrüstung gegen Störlichtbogen ist zu tragen.
  - Die Arbeiten sind immer **zu zweit** durchzuführen und bedürfen einer vorherigen schriftlichen **Freigabe** durch den Anlagenverantwortlichen.
    Ausnahmen: Zur Abwehr von Personen- oder sehr hohen Sachschäden.

VERHALTEN BEI STÖRUNGEN

- Beim Auftreten von unerwarteten Schwierigkeiten sind die Arbeiten nicht zu beginnen, bzw. laufende Arbeiten abzubrechen.
- Schadhaftes Werkzeug und Zubehör sind sofort austauschen.
- Verantwortliche Elektrofachkraft bzw. Vorgesetzte umgehend informieren.

VERHALTEN BEI UNFÄLLEN; ERSTE HILFE

- Ruhe bewahren
- Eigensicherung betreiben, Freischaltung vornehmen
- Ersthelfer heranziehen, sofort mit der Herzlungenwiederbelebung (HLW) beginnen
- Arzt und / oder Rettungswagen alarmieren, Vorgesetzten informieren

Notruf: -112

Anhang 5: Betriebsanweisung Stromunfall

BETRIEBSANWEISUNG

Arbeitsbereich:
Betriebsstätten
Gesundheitswesen
Arbeitsplatz/Tätigkeit:

Anwendungsbereich

UNFÄLLE DURCH ELEKTRISCHEN STROM

Gefahren für Mensch und Umwelt

Gefahren für den Menschen

Die Wirkung des Strom auf den Menschen hängt ab von

- Stromstärke, Stromart,
- dem Weg des Stroms im Körper,
- Einwirkdauer und Frequenz.

Gefahren entstehen durch:

- Ungeprüfte bzw. nicht fristgerecht geprüfte Arbeitsmittel.
- Nichtbenutzen von Schutzeinrichtungen an den Arbeitsmitteln.
- Körperdurchströmungen, insbesondere bei beschädigten Arbeitsmitteln.
  Diese können führen zu:
  - physiologischen Vorgängen:
    Muskelkrämpfe, Atemstillstand, Herzunregelmäßigkeiten, Herzkammerflimmern, Herzstillstand, Zerstörung der Zellen
  - physikalischen Vorgängen:
    Flüssigkeitsverluste, Verbrennungen
- Lichtbogeneinwirkung
  - physikalische Vorgänge:
    Verbrennungen
- Sekundärwirkung
  z.B. bei Arbeiten auf Leitern

Schutzmaßnahmen und Verhaltensregeln

Technische Schutzmaßnahmen und Verhaltensregeln

Betrieb:

- Auswahl von elektrischen Arbeitsmitteln entsprechend Einsatzbereich und Kategorie.
- Schutzvorrichtungen nicht deaktivieren.
- Bei Arbeiten in engen und feuchten Räumen Werkzeuge mit Schutzkleinspannung oder Schutztrennung verwenden.

Organisatorische Schutzmaßnahmen und Verhaltensregeln

- **Einweisung bei Erstaufnahme** der Tätigkeit anhand der Betriebsanleitung.

Beschäftigungsbeschränkungen:

- Jugendliche über 16 Jahren dürfen nur unter Aufsicht eines Fachkundigen mit elektrischen Betriebsmitteln arbeiten.

Verhalten bei Störungen

Maßnahmen bei Störungen durch Strom an Betriebsmitteln/Anlagen

- Bei Störungen an Arbeitsmitteln, Anlagen, die die Betriebssicherheit beeinträchtigen, **Betrieb sofort einstellen und Vorgesetzten informieren**!
- Arbeitsmittel/Anlagen erst nach Störungsbeseitigung und Freigabe wieder in Betrieb nehmen.

Maßnahmen zur Brandbekämpfung

- Kleine oder Entstehungsbrände löschen mit Pulver-, Schaumlöscher, Kohlendioxid oder Wasser im Sprühstrahl (kein Vollstrahl).
- Alarm- und Rettungsplan beachten.

Verhalten im Gefahrenfall

Ersteller:

Datum: Seite 1 von 3 Nr.:

Verhalten bei Unfällen / Erste Hilfe

Wichtige Rufnummern:

Notruf: 112
Feuerwehr: 112
Ersthelfer: Siehe Aushang "Erste Hilfe"

Verhaltensmaßnahmen nach Unfällen mit Strom:

- Erste-Hilfe-Maßnahmen durchführen entsprechend der Art des Unfalls.
- Einfache lebensrettende Sofortmaßnahmen bei Stromunfall ausführen. Rettungskette einhalten.
  Bis zum Eintreffen des Arztes sind folgende Erste-Hilfe-Maßnahmen durchzuführen:
  - sofortige Verbringung in Ruhelage
  - Kontrolle von Atmung und Puls
  - Atemspende bei Atemstillstand
  - Herz-Lungen-Wiederbelebung bei Kreislaufstillstand
  - Seitenlagerung bei Bewusstlosigkeit und vorhandener Atmung
  - keimfreie Bedeckung der Brandwunden

Verhalten bei unter Strom stehenden Beschäftigten:

- Sicherungskasten aufsuchen und die Leitung bzw. das Stromnetz spannungsfrei machen durch "Freischalten" und "Gegen Wiedereinschalten sichern". Die 5 Sicherheitsregeln beachten.
- Ist dies nicht möglich, Verunglückten von einem gut isolierten Standort aus, z.B. von einer Unterlage aus trockenem Holz, von den Leitungen oder Geräten wegziehen oder wegstoßen.
- Unbedeckte Körperteile des Verunfallten nicht mit ungeschützten Händen berühren. Es sind isolierende Gegenstände, z.B. eine Holzlatte oder trockene Kleider, Handschuhe oder Decken zu benutzen. Zulässige Annäherungen an Anlagen bis 1.000 Volt höchstens auf 1 m.

Verhalten bei brennenden Beschäftigten durch Stromauswirkungen:

- Brennende Personen sind am Fortlaufen zu hindern und (notfalls auch mit Gewalt) am Boden zu wälzen. Sauerstoffzufuhr unterbrechen.
- Zum Ablöschen brennender Personen sind zu verwenden: Wasser, vorhandene Feuerlöscher, Löschdecken.
- Das Ablöschen brennender Personen hat Vorrang vor allen anderen Rettungsmaßnahmen.

Verhalten nach Stromunfall

- Grundsätzlich ist bei jedem Stromunfall zur Durchführung eines EKG eine medizinische Einrichtung bzw. die Notaufnahme aufsuchen.
- Jeder Unfall ist unverzüglich dem zuständigen Verantwortlichen zu melden.
- Jede Erste-Hilfe-Leistung ist im Erste-Hilfe-Nachweisbuch nachzuweisen. Die Aufzeichnungen sind mindestens fünf Jahre lang aufzubewahren.

Instandhaltung / Entsorgung

Instandhaltungsmaßnahmen (Inspektion, Wartung, Prüfung)

Zur Vermeidung von Unfällen durch Strom sind regelmäßig Wartungs- und Instandhaltungsarbeiten an den elektrischen Betriebsmitteln durchführen:

- nur durch eine vom Unternehmer beauftragte befähigte Person.
- nur bei abgeschalteter Maschine und abgezogenem Netzstecker.
- entsprechend den Wartungsvorschriften des Herstellers.
- Nach Instandhaltungsarbeiten sind die Schutzeinrichtungen zu überprüfen und zu kennzeichnen.

Prüfung auf Elektrosicherheit mit schriftlichem Nachweis der elektrischen ortsveränderlichen Arbeitsmittel:

- mindestens halbjährlich bei Arbeiten in K2-Arbeitsstätten
- mindestens alle zwei Jahre für Betriebsmittel in Büro- und Verwaltungsbereichen.

Folgen der Nichtbeachtung

Zusätzlich beachten

Verletzungen:

- Das Berühren von unter Spannung stehenden Teilen kann folgende Verletzungen, Körperschäden verursachen:
  - Verbrennungen
  - Muskelverkrampfungen und Herzkammerflimmern. Die Muskelverkrampfungen können im schlimmsten Fall zu Atemlähmungen führen. Es besteht Lebensgefahr.

Ersteller:

Datum: Seite 2 von 3 Nr.:

Rechtliche Folgen:

- Fehlverhalten mit oder ohne Schaden kann mit Abmahnung geahndet werden.
- Bei grob fahrlässigem Fehlverhalten mit Schäden an Personen oder Anlagen drohen Regressansprüche seitens des Unternehmers und/oder der Berufsgenossenschaft.

Ersteller:

Datum: Seite 3 von 3 Nr.:

Anhang 6: Checkliste Besichtigung ortsfester elektrischer Anlage

Besichtigung ortsfester elektrischer Anlage *(angelehnt an: DGUV-Information 203-072)*

Checkliste

Betriebsstätte / Betriebsbereich:

Name:
Datum:
Version:

	JA	NEIN	NICHT RELEVANT	Handlungsbedarf		Wirksamkeit geprüft	
				WER?	BIS?	WER?	AM?
Nachweis der vorangegangenen Prüfung	JA	NEIN	N.R.	WER?	BIS?	WER?	AM?
Liegt ein vollständiger Prüfbericht (Prüfprotokoll) der vorangegangenen Prüfung der elektrischen Anlage und der ortsfesten Betriebsmittel vor, welcher Aufzeichnungen aller Prüfschritte und deren Ergebnisse, insbesondere zu Messungen und Erprobungen, enthält?							
Dokumentationsunterlagen	JA	NEIN	N.R.	WER?	BIS?	WER?	AM?
Sind die Dokumentationen und die Schaltungsunterlagen vorhanden, aktuell und vollständig? Kennzeichnung							
Wurde die Kennzeichnung der elektrischen Betriebsräume, Verteilerstromkreise, Kabel und Leiter ordnungsgemäß ausgeführt?							
Sind Neutral- und Schutzleiter sowie Stromkreise, Sicherungen, Schalter und Klemmen entsprechend gekennzeichnet?							
Zugänglichkeit	JA	NEIN	N.R.	WER?	BIS?	WER?	AM?
Ist der sichere Zugang zur Bedienung, Wartung und Inspektion der Anlage möglich?							
Ist die sichere und ungehinderte Flucht im Gefahrenfall möglich?							
Sind Räume, die ausschließlich dem Betrieb elektrischer Anlagen (hierzu gehören auch z. B. Schalt- und Verteilungsanlagen, Transformatorzellen) dienen, unter Verschluss gehalten?							
Sind die Vorrichtungen zum Abtrennen der Erdungsleiter (Blitzschutz) noch zugänglich?							
Schutzmaßnahmen allgemein	JA	NEIN	N.R.	WER?	BIS?	WER?	AM?
Ist der Basisschutz (Schutz gegen direktes Berühren) aktiver Teile elektrischer Betriebsmittel gewährleis-tet? Hierzu gehören z. B. Abdeckungen, Umhüllungen und Isolationen oder der Schutz durch Abstand.							
Ist der Fehlerschutz (Schutz gegen indirektes Berühren) noch gewährleistet?							
Sind Erder, wie z. B. Fundamenterder, Blitzschutzerder, Erder von Antennenanlagen, Erder von Telefonanlagen, mit der Potentialausgleichsschiene oder Haupterdungsschiene noch verbunden?							
Sind Erder, z. B. Fundamenterder, Blitzschutzerder, Erder von Antennenanlagen, Erder von Telefon-anlagen, mit der Potentialausgleichsschiene oder Haupterdungsschiene verbunden?							
Sind die zur Sicherstellung des Potentialausgleichs erforderlichen Leiter, z. B. Hauptpotentialausgleichs-leiter, Hauptschutzleiter, Haupterdungsleiter und andere Erdungsleiter, mit der Potentialausgleichs-schiene oder Haupterdungsschiene noch verbunden?							
Sind elektrisch leitfähige Rohrsysteme, z. B. Gasinnenleitungen, Wasserverbrauchsleitungen, Abwasser-leitungen, Rohre von Heizungs- und Klimaanlagen, mit der Potentialausgleichsschiene oder Haupt-erdungsschiene noch verbunden?							
Sind Metallteile der Gebäudekonstruktion mit der Potentialausgleichsschiene oder Haupterdungsschiene verbunden?							
Sind alle gleichzeitig berührbaren Körper, Schutzleiteranschlüsse und alle „fremden leitfähigen Teile" mit dem örtlichen zusätzlichen Potentialausgleich verbunden?							

Checkliste

Besichtigung ortsfester eletrischer Anlage
(nach DGUV-I 203-072)

08.02.2022 (1/3)

Anhang 7:
Gefährdungsbeurteilung Elektrohelfer

Gefährdungsbeurteilung

Helfer/-in im Bereich Elektro
auch EuP

Ansprechpartner:

Stand:

Samstag, 19. Februar 2022

!!! Helfer/-in im Bereich Elektro

Sie führen in Produktionsbetrieben der Elektrobranche, in Betrieben der Elektroinstallation und in Reparaturwerkstätten für Elektrogeräte meist einfachere oder zuarbeitende Tätigkeiten aus. Vornehmlich arbeiten sie in Betrieben der Elektroindustrie und des Elektromaschinenbaus, z.B. bei Herstellern elektrischer Bauteile, Geräte und Anlagen oder Unternehmen der Automatisierungstechnik. Auch das Elektrotechniker-Handwerk, Energieversorgungsunternehmen sowie Unternehmen der Informations- und Telekommunikationsbranche, z.B. Mobilfunk- und Festnetzbetreiber, bieten Beschäftigungsmöglichkeiten.

Bei Bedarf halten sie Maschinen und Werkzeuge instand und lagern die benötigten Einsatzstoffe und Abfälle fachgerecht.

Elektrische Gefährdung

!!! Elektrischer Schlag					Risiko		Restrisiko
	Schutzmaßnahme		Wirksamkeit	Umsetzung bis	Umsetzung am	Wirksamkeitskontrolle am	Verantwortlich
	!!! Elektrosicherheit: Überstrom-Schutzeinrichtung im TN-Netz (Nullung, Fehlerstrom-Schutzeinrichtung, Schutzkleinspannung, Schutztrennung, Schutzisolierung	T					
	!!! Sichtkontrolle der elektrischen Betriebsmittel (Kabel, Stecker, Schalter, Leuchtmelder) auf erkennbare Mängel	O					
	!!! Leitungen und Kabel ohne Quetsch- und Scherstellen verlegen, nicht auf Zug belasten	O					

Chemische Gefährdung

!!! Verschlucken							Risiko	Restrisiko
	Schutzmaßnahme		Wirksamkeit	Umsetzung bis	Umsetzung am	Wirksamkeitskontrolle am	Verantwortlich	
	!!! Getrennte Aufbewahrung der Pausenverpflegung von den chemischen Arbeitsstoffen	O						
	!!! Verbot des Trinkens und Essens in Arbeitsbereichen	O						

!!! Einatmen (Gase, Dämpfe, Nebel, Stäube, Rauche)							Risiko	Restrisiko
	Schutzmaßnahme		Wirksamkeit	Umsetzung bis	Umsetzung am	Wirksamkeitskontrolle am	Verantwortlich	
	!!! Zu- und Abluftanlagen am Arbeitsplatz (bzw. der kontrollierten Bereiche, einschließlich Filterung	T						
	!!! Lüftungsanlagen/Absaugung gesundheitsschädlicher Stoffe	T						
	!!! Atemschutzgerät	P						

!!! Hautkontakt (Feststoffe, Flüssigkeiten, Feuchtarbeit)							Risiko	Restrisiko
	Schutzmaßnahme		Wirksamkeit	Umsetzung bis	Umsetzung am	Wirksamkeitskontrolle am	Verantwortlich	
	!!! Oberflächen der Arbeitsmittel (wasserundurchlässig, leicht zu reinigen, säurewiderstandsfähig	T						
	!!! Handreinigung, -schutz und -pflege vor den Pausen und nach Ende der Tätigkeit	P						

	!!! Hautschutz (einschließlich Hautreinigung und Hautpflege)	P					
	!!! Handschutz	P					

Mechanische Gefährdung

!!! Kontrolliert bewegte ungeschützte Teile					Risiko	Restrisiko	
	Schutzmaßnahme		**Wirksamkeit**	**Umsetzung bis**	**Umsetzung am**	**Wirksamkeitskontrolle am**	**Verantwortlich**
	!!! Bereitstellung sicherer, geeigneter Arbeitsmittel (einschl. Abdeckungen, Schutzhauben/-gitter usw.	T					
	!!! Sicherung der Arbeitsmittel gegen unbefugtes oder irrtümliches Ingangsetzen	T					

!!! Unkontrolliert bewegte, herabfallende, umstürzende Teile					Risiko	Restrisiko	
	Schutzmaßnahme		**Wirksamkeit**	**Umsetzung bis**	**Umsetzung am**	**Wirksamkeitskontrolle am**	**Verantwortlich**
	!!! Regale: ausreichend standfest und tragfähig; nach Montageanleitung aufgestellt, gegen Kippengesichert	T					
	!!! Schubladen mit Sperre gegen Herausrutschen und ggf. mit Ausziehsperren (immer nur eine Schublade	T					
	!!! Kippsicherer, fahrbarer Arbeitsstuhl	T					

	!!! Regelmäßige Prüfung (technischer Schutzmaßnahmen/prüfbedürftiger Arbeitsmittel durch befähigte Personen	O					
	!!! Augenschutz/Gesichtsschutz	P					
	!!! Verwendung von Kopfschutz	P					
!!! Absturz						Risiko	Restrisiko
	Schutzmaßnahme		**Wirksamkeit**	**Umsetzung bis**	**Umsetzung am**	**Wirksamkeitskontrolle am**	**Verantwortlich**
	!!! Sichere Leitern, Tritte mit CE-/GS-Zeichen	T					
!!! Sturz, Ausrutschen, Stolpern, Umknicken						Risiko	Restrisiko
	Schutzmaßnahme		**Wirksamkeit**	**Umsetzung bis**	**Umsetzung am**	**Wirksamkeitskontrolle am**	**Verantwortlich**
	!!! Gleichmäßiger, rutschfester Bodenbelag ohne Kanten, antistatischer Bodenbelag	T					
	!!! Abdeckung und Kennzeichnung von Leitungen auf dem Boden (Kabel in Kabelkanäle verlegen)	T					
	!!! Verkehrswege nicht mit Gegenständen verstellen; hineinragende Gegenstände beseitigen	O					

Thermische Gefährdung

!!! Kontakt mit heißen Medien				Risiko		Restrisiko
Schutzmaßnahme		Wirksamkeit	Umsetzung bis	Umsetzung am	Wirksamkeitskontrolle am	Verantwortlich
!!! Zusatzeinrichtungen (z.B. Hilfswerkzeuge, Zangen, Greifer)	T					
!!! Spann-/Feststelleinrichtungen für zu bearbeitende Werkstücke	T					

Brand- und/oder Explosiongefährdung

!!! Brandgefährdung durch Feststoffe, Flüssigkeiten, Gase				Risiko		Restrisiko
Schutzmaßnahme		Wirksamkeit	Umsetzung bis	Umsetzung am	Wirksamkeitskontrolle am	Verantwortlich
!!! Sichere, nicht brennbare Unterlage verwenden; Arbeitsplatz von leicht brennbaren Stoffen freihalten	T					
!!! Während des Lötens Brandwache und geeignete Feuerlöschmittel, z.B. Pulverlöscher, bereitstellen	T					
!!! Brandschutzeinrichtungen (Feuerlöscher) gebrauchsfertig halten	O					

!!! Zündquellen bei Brand- bzw. Explosionsgefahr					Risiko		Restrisiko
	Schutzmaßnahme		Wirksamkeit	Umsetzung bis	Umsetzung am	Wirksamkeitskontrolle am	Verantwortlich
	!!! Flaschengestelle oder -karren für den Transport	T					
	!!! Sichere Schlauchverbindungsmittel (Schlauchtüllen mit Schlauchschellen oder Patentkupplung)	T					
	!!! Löterlaubnis in Bereichen mit Brand- und Explosionsgefahr: alle brennbaren Teile aus der gefährdeten Umgebung entfernen, nicht entfernbare brennbare Teile abdecken, Öffnungen abdichten, Brandwache	O					
	!!! Gasflaschen gegen Umstürzen sichern und nicht in Durchfahrten, Durchgängen, Hausfluren, Treppenhäusern, unter der Erdgleiche und in der Nähe von Wärmequellen lagern und aufstellen	O					
	!!! Nur geprüfte und zugelassene Druckminderer benutzen	O					

	!!! Sauerstoffarmaturen öl- und fettfrei halten	O					
	!!! Bei längeren Arbeitsunterbrechungen Brenner und Schläuche aus den Räumen entfernen	O					

Belastung durch Arbeitsumgebung

!!! Unzureichende Bewegungsfläche, ungünstige Anordnungen					Risiko		Restrisiko
	Schutzmaßnahme		Wirksamkeit	Umsetzung bis	Umsetzung am	Wirksamkeitskontrolle am	Verantwortlich
	!!! Ergonomische Gestaltung des Arbeitsplatzes	T					

	Datum			
Ersterstellung:				
Überarbeitung:				
Wirksamkeitskontrolle:				
Nächste Überprüfung:		Unternehmer / Bevollmächtigter*	Sicherheitsfachkraft	Mitarbeiter / Betriebsrat

* Das Dokument erhält erst durch die Unterschrift des Unternehmers/Bevollmächtigten seine Gültigkeit

Anhang 8: Gefährdungsbeurteilung Schaltschrank

Gefährdungsbeurteilung der Arbeitsstätte gemäß § 3 ArbStättV

Die vorliegende tabellarische Darstellung orientiert sich am Formularsatz „VBG – Gefährdungsbeurteilung für Arbeitsstätten“ www.vbg.de/arbeitsstaetten

Gebäude	Hauptgebäude
Bereich	Klimazentrale
Raum	2. Untergeschoss
Bearbeiter	
Ort, Datum	

Allgemein

In der Klimazentrale im 2.UG wird eine NSV betrieben, die insgesamt 16 Felder umfasst. Von den 16 Feldern wurden 3 Felder in den vergangenen Jahren überarbeitet. Die übrigen Felder befinden sich auf einem technisch veralteten Stand und entsprechen insbesondere im Hinblick auf den Berührungsschutz nicht den aktuell gültigen Regelwerken.

Gemäß DGUV Vorschrift 3 bzw. VDE 0106 - Teil 10 ist für den teilweisen Berührungsschutz jedoch eine gesetzliche Nachrüstverpflichtung bis zum 31.12.1999 gefordert.

Bewerten Sie zunächst, welche der folgenden Tätigkeiten unter die Rubrik Bedienen, gelegentliches Handhaben und Arbeiten fallen:

	Bedienen	gelegentliches Handhaben	Arbeiten
Tätigkeiten am Bedientableaus	x		
Austausch von Schmelzeinsätz		x	
Schalten von Leitungsschutzschaltern		x	
Reset und Einstellung von Überstromschutzeinrichtungen		x	
Einstellen von Zeitrelais		x	
Messen von Spannungen und Strömen			x
Erneuerung / Austausch von elektrotechnischen Komponenten			x
Erweiterung des Schaltschranks (z.B. neuer Sicherungsabgang)			x
Durchführung der vierjährigen Anlageprüfung gemäß DGUV Vorschrift 3 / VDE 0105-100			x

Der Raum sowie die Felder der NSV sind durch eine Schließanlage gesichert. Zugang zu den Schlüsseln hat nur ein bestimmter und qualifizierter Personenkreis.

Geplant ist, die Gesamtanlage mittelfristig zu überarbeiten und auf einen technisch aktuellen Stand zu bringen.

In der vorliegenden Gefährdungsbeurteilung werden Risiken ermittelt und sicherheitstechnische Maßnahmen festgelegt, um das Risiko bis zur bereits geplanten Erneuerung deutlich zu minimieren.

Bedienen und gelegentliches Handhaben im Bereich der NSV

Gefährdungen:
Gefährliche Körperdurchströmung

	Handlungs-bedarf:		
Fragen und Hinweise	**JA**	**NEIN**	**Maßnahmen**
Um an das Bedientableaus zu gelangen muss der Schaltschrank geöffnet werden: 	X		Bedientableaus erst durch Öffnen des Schalt-schranks erreichbar. <u>Genereller Handlungsbedarf</u> Personal muss eingewiesen sein. Entsprechende Arbeitsanwei-sungen müssen existieren. Warntafeln müs-sen angebracht sein
Berührungsschutz auf der Rückseite des Bedientableaus teilweise nicht gewährleistet.  Beispiel: Feld K11	X		Kritische Berei-che erst durch Öffnen des Schaltschranks und durch Wegklappen des Bedientableaus erreichbar. Temporäre Ab-deckung der be-troffenen Arbeits-bereiche. Langfristig: Fest installierte Ab-deckung der be-troffenen Arbeits-bereiche. Genereller Hand-lungsbedarf (s.o.)

Fragen und Hinweise Handlungsbedarf:	**JA**	**NEIN**	**Maßnahmen**
Im Bereich der betroffenen Felder ist der Berührungsschutz teilweise nicht gewährleistet. 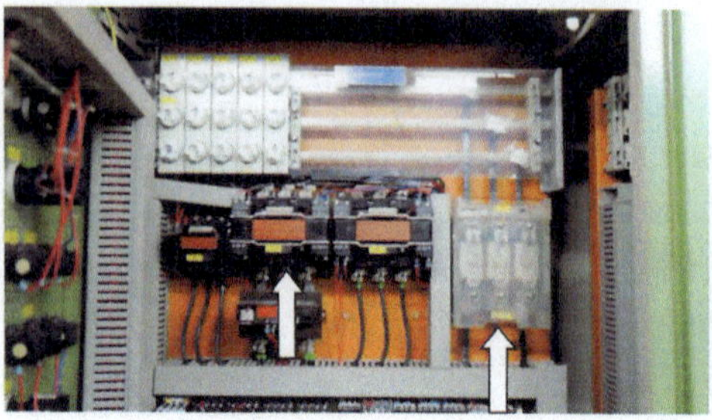	X		Kritische Bereiche erst durch Öffnen des Schaltschranks und durch Wegklappen des Bedientableaus erreichbar. Temporäre Abdeckung der betroffenen Arbeitsbereiche. Genereller Handlungsbedarf (s.o.)
Im Bereich der betroffenen Felder ist der Berührungsschutz seitlich der Stromschienen nicht gewährleistet. ***(Bitte auch diesen Fall bewerten, auch wenn der in der gezeigten Anlage so nicht vorkommt)***  Beispiel: Feld K10	(X)		Gefahrenbereich liegt außerhalb des Bedienbereichs. Für Arbeiten und Arbeiten unter Spannung gelten besondere Bedingungen. Zusätzlicher Schutz könnte zur Gefahrenabwehr installiert werden.
Im Bereich der betroffenen Felder ist der Berührungsschutz nicht gewährleistet und es existieren offene Schraubsicherungsfelder: 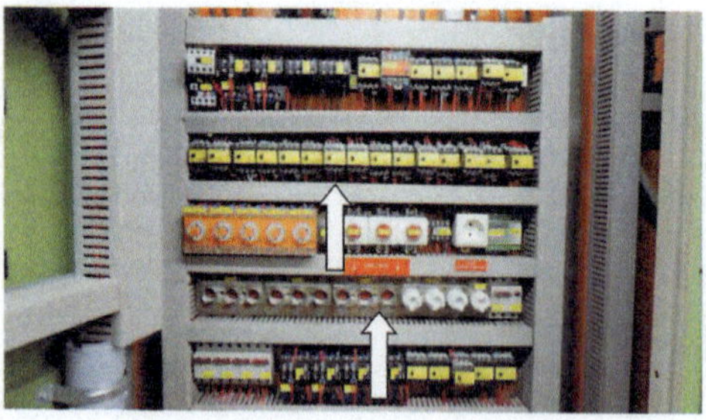	X		Offene Sicherungsfelder müssen geschlossen werden. Gefahrenbereich für Bedienelemente liegt außerhalb des Bedienbereichs. Zusätzliche Schutzmaßnahmen sinnvoll. Genereller Handlungsbedarf (s.o.)

Fragen und Hinweise Handlungsbedarf:	JA	NEIN	Maßnahmen
Im unteren des Schaltschrankes sind offene Kabelenden ohne Schutz: 	X		Offene ggf. nicht benötigt Kabel müssen entfernt werden oder Kabelenden müssen durch Klemmen geschützt werden. Genereller Handlungsbedarf (s.o.)

Fragen und Hinweise	JA	NEIN	Maßnahmen
Hinweis darauf, dass der Berührungsschutz teilweise nicht gewährleistet ist.	X		Piktogramme und Hinweis sowie Warntafeln auf der Außenseite der Felder, dass der Berührungsschutz teilweise nicht gewährleistet ist.
Bedienen durch unbefugte Personen.		X	Für den elektrischen Betriebsraum wurde eine Zugangsregelung getroffen. Der Raum ist ausschließlich befugten Personen zugänglich.
Bedienen durch unzureichend qualifizierte Personen.	X		Bedienen wird nur durch einen bestimmten und qualifizierten Personenkreis durchgeführt. Die Felder der NSV sind durch eine Schließanlage gesichert. Schlüssel nur bei einem bestimmten und qualifizierten Personenkreis. Für das Bedienen im Bereich der NSV wurde eine Betriebsanweisung erstellt. Die Betriebsanweisung enthält eine Verfahrensanweisung zur Abdeckung der betroffenen Arbeitsbereiche.

Arbeiten im Bereich der NSV *(zusätzliche Gefahren und Maßnahmen)*

Gefährdungen:
Gefährliche Körperdurchströmung

	Handlungs-bedarf:		
Fragen und Hinweise	**JA**	**NEIN**	**Maßnahmen**
Hinweis darauf, dass der Berührungsschutz teilweise nicht gewährleistet ist.	X		Piktogramme und Hinweis sowie Warntafeln auf der Außenseite der Felder, dass der Berührungsschutz teilweise nicht gewährleistet ist.
Durchführung von Arbeiten durch unbefugte Personen.		X	Für den elektrischen Betriebsraum wurde eine Zugangsregelung getroffen. Der Raum ist ausschließlich befugten Personen zugänglich.
Durchführung von Arbeiten durch unzureichend qualifizierte Personen.		X	Arbeiten werden nur durch einen bestimmten und qualifizierten Personenkreis durchgeführt.
Durchführung von Arbeiten an spannungsführenden Teilen	X		Für das Arbeiten im Bereich der NSV wurde eine Betriebsanweisung erstellt. Die Betriebsanweisung weist auf die 5 Sicherheitsregeln, die PSA und das Arbeiten zu zweit hin. Sie enthält eine Verfahrensanweisung zur Abdeckung der betroffenen Arbeitsbereiche. PSA wird bereitgestellt. Elektro-Schutzhand-schuhe nach DIN EN 60903, für Arbeiten unter Spannung bis 1000 V Unterzieh-Handschuhe für eine bessere Belüftung beim Tragen von Elektro-Schutzhandschuhen, Abdecktuch 1000 V zum Abdecken spannungsführender Teile, nach VDE 0680/1. Arbeiten werden ausschließlich durch zwei Personen durchgeführt.

Sonstiges

Gefährdungen:
Besondere Gefährdungen - Eigene Beurteilung

Fragen und Hinweise	Handlungsbedarf		Maßnahmen
	Ja	Nein	
Flucht- und Rettungswege.		X	Flucht- und Rettungswege sind vorhanden und gekennzeichnet. Ein Flucht- und Rettungsplan ist vorhanden.
Notfallvorsorge – Erste-Hilfe.		X	Ein Notruf kann abgesetzt werden. Telefon ist vorhanden. Erste-Hilfe-Kästen sind im Gebäude vorhanden.
Notfallvorsorge – Brandschutz.		X	Für die Brandbekämpfung stehen ausreichend geeignete Löschmitteleinheiten zur Verfügung.

Risikobewertung

Vor der Umsetzung der getroffenen Maßnahmen

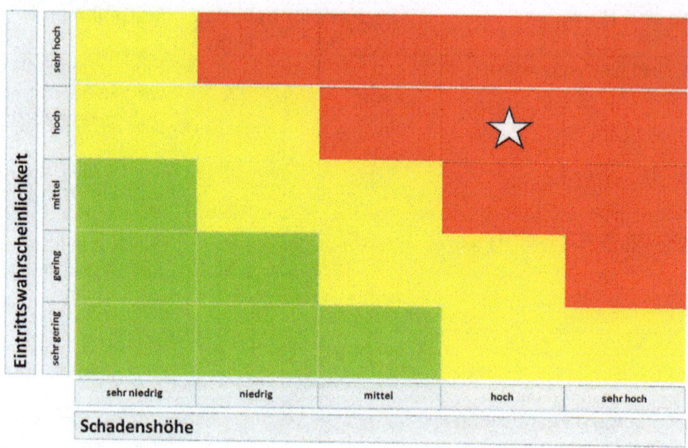

Nach der Umsetzung der getroffenen Maßnahmen

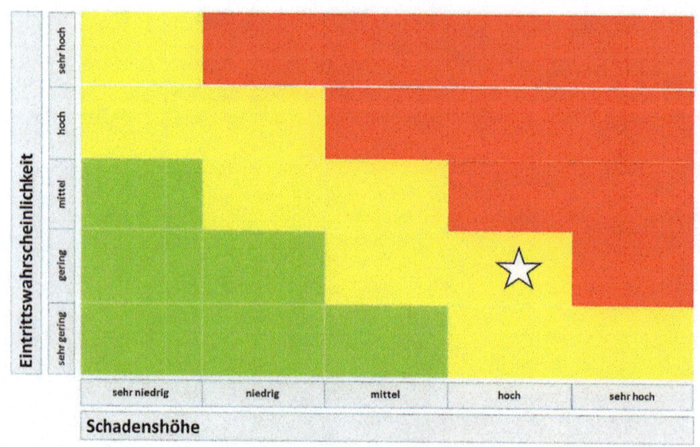

Fazit: Nach der Durchführung der Maßnahmen ist das Risiko vertretbar. Bei Beratungsbedarf Kontakt mit Betriebsarzt oder Sicherheitsingenieur aufnehmen.

Dokument in Anlehnung an Gefährdungsbeurteilung BG ETEM 2013